法国甜点
家中出炉

陈芋亮 ◎ 编著

浙江出版联合集团
浙江科学技术出版社

法式家常甜点：实实在在的法式小幸福

在家制作美味的法式甜点，让每一个人都能拥抱一种简单的幸福滋味，希望每位读者都能够享受这小小的幸福……

在法国的生活就好比是钢琴上不停跳跃的音符，谱写出一篇动人的乐章。开始接触法国家常菜和甜点，是在无心插柳的情况下；而开始做家常菜和甜点，起初只是为了协助家里的阿嬷^[注]为家人准备每天享用的佳肴与餐后甜点。生活中，我也跟所有的家庭主妇一样，每天在家里的大小事务中忙碌。法国阿嬷用巧手制作出的美味家常菜和甜点，经常让家人吃得非常满足。法国乡村家庭很重视全家人在餐桌上的用餐时光，餐桌上的时光往往伴随着美味的家常菜以及让人感到幸福的甜点。餐厅里，家人肩并肩的聊天声、酒杯碰撞声、刀叉与餐盘的摩擦声，甚至是桌边小朋友们的追逐嬉戏声，都是法国乡村家庭的小小幸福。餐后，大家最期待的就是会让人感到开心的甜点，品尝过程中大家的嘴角不断地上扬，露出满意且幸福的微笑，这是我每天看似平凡却又简单的幸福。

最初从我国台湾省来法国生活，只是单纯地为了听一听法语这种美丽的语言，因而来到这个以美食与甜点闻名世界的国家；在法国生活了几年后，我与现在的男友相识，融入了这个略微庞大的家族，跟着家中的长辈们在厨房里学习制作法国家常菜和甜点。没有任何烹饪和烘焙背景的我，跟着阿嬷每天进出厨房，学习着没有任何华丽装饰、内在天然、外在朴实的一道道闪着幸福微光的家常菜和甜点。

学习了几年法国家常菜和甜点的制作方法之后，我回到了我的家乡——台湾省，开起了法式小餐馆，提供法国家常菜和家常甜点。精致的法国菜和甜点在台北的大街小巷随处可见，但很少有人知道什么是真正的法国家常菜和家常甜点。基于我在法国生活的理念，我的法式小餐馆，使用当天入库的新鲜食材来制作法国家常菜和家常甜点。爱尝鲜的台湾人，慢慢地被我餐馆里的实在味道以及没有过多虚华包装的外表所吸引。两年后，我淡出餐馆经营，创立"Marmiton厨房小学徒法式家常手工烘焙料理"（简称"Marmiton厨房小学徒"）网站，在网络上销售法国阿嬷制作的具有真实、简单味道的法国甜点，"Marmiton厨房小学徒"有着我想要与大家分享的法国家庭

注：阿嬷是男友的妈妈，我跟随小朋友称呼她"阿嬷"。

里自然、不做作、纯粹、给予人幸福感的甜点。一开始接触"Marmiton厨房小学徒"的朋友对我的甜点口感十分惊讶，原来在法国的甜点里可以品尝到这么丰富的味觉层次感。

"Marmiton厨房小学徒"提供订购后才现做的甜点，传递给大家现做现吃的理念。此外，也开课教授法国家常菜、家常甜点的制作方法，目的在于让大家知道法国家常菜的制作真的一点也不难。而且除了美味，法国家常菜的制作还坚持法国的乡村生活方式，直接从自家菜园采摘蔬菜进厨房烹饪。自家种的蔬果最健康，蔬果中除了有着为家人种植农作物时的那一份亲力亲为，也有着凝聚家庭的温暖力量。使用这样的食材做起菜肴及甜点时特别地有感觉，做出的食物也格外甜美。为了践行这样的理念，在台湾省，我亲自拜访有机小农、参观果园，使用这些小农亲自栽种并细心照料的美味蔬果，也希望能够告诉更多的人如何烹饪，如何享用真正的食物味道。这样的理念执行了近三年，我将"Marmiton厨房小学徒"运营得有声有色，我也因此与许多有机小农成为不错的朋友。

之后，我到法国定居，到法国乡村过着简单的家庭庭园生活。在台湾省没有专业烘焙或制作甜点背景的我，靠着法国阿嬷传授的手艺，做出简单的幸福甜点，我很幸运！我的生活里有着法国阿嬷的陪伴，我将她的智慧与手艺跟我的实践经验相结合做成甜点书。在这本甜点书里，我介绍了法国各地区的代表性甜点的制作方法。然而，这些地区性甜点除了代表着法国各地区的特色甜点之外，也早已深入法国的每个家庭。在教授烹饪和烘焙经验的过程里，我了解到许多朋友有时会对食谱里的步骤产生疑问（毕竟没有常做法式甜点的经验，这是正常的现象）。这本甜点书记载着许多我跟阿嬷学习时的小技巧与小秘诀，我尽量用图文并茂的方式让制作过程更加清楚，这样大家练习时就不会有模糊感。或许这本书会颠覆你以往对法式甜点做法或操作技巧的认识，但别忘记了，这是法国家常甜点书，不是专业烘焙食谱书，书里很多都是法国阿嬷以积累多年的经验所做出的地道家常味的甜点；又或许你担心会失败，失败绝对不是因为你没有天分，你只是需要一点时间加以练习，甜点制作的成功率就会大大地增加。我不能说谎，说这书里的甜点都很容易上手，当然，书里有许多步骤简单的法式甜点，只需要四五个步骤就可以完成，同时也可以随时制作好放在罐子里慢慢地享用。有一部分甜点的制作需要花时间练习，并且需要按部就班地按照步骤来做，才能提高成品的成功率。其实，我在学习甜点的路上也经常失败（直到现在我尝试做新甜点时，还是会算错分量，做出来当然也就会失败），但每一次失败后，我都会马上思考今天做的甜点哪里出现了问题。是分量不对？还是步骤不对？只要找出问题，下次再制作就会成功了！阿嬷也经常鼓励我"失败是走向成功的必经路"，每当我失败时，她都会恭喜我，所以，不小心失败的你，千万别气馁哦！

每个做甜点的人，应该都不会忘记看到家人或朋友们品尝自己亲手做的甜点时，脸上流露出的那种满意、开心、幸福的表情吧！当你翻开我的这本甜点书时，你可能觉得外观过于朴实，或许也破坏了你对法国精致甜点的美好印象。或许书里这些甜点真的太过朴素，但是，相信我，现在翻开书，选一道甜点，穿上围裙，将烤箱加热，带着这本书一起进入厨房，制作一道甜点后，请亲爱的家人或是朋友们来品尝，你将会在他们的脸上找到做下一道甜点的动力！

来吧！现在就拿着书进入厨房，做一道让家人们惊叹的法国家常小甜点吧！

目录

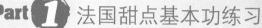

Part 1 法国甜点基本功练习

2　　香脆挞皮
5　　酥挞皮
6　　千层派皮
9　　戚风蛋糕
11　　法式香缇
12　　英式香草淋酱
13　　巧克力酱
15　　法式蛋白霜

Part 2 法国节日甜点

21　　国王饼
25　　黄油国王蛋糕
29　　蛋糕面包
33　　法式薄饼

Part 3 法国地方性家常特色挞派

39　　大黄根蛋白霜挞
43　　厚皮蛋派
46　　芙拉慕斯苹果挞
49　　反烤苹果挞
52　　阿尔萨斯式苹果派
54　　草莓挞
56　　蓝莓挞
59　　白奶酪挞
63　　焦糖果仁小挞

Part 4 法国家常经典小甜点

69　　法国鲜奶油泡芙
72　　黑李蛋糕
75　　熔岩巧克力

79　倒扣焦糖布丁
82　焦糖烤苹果
84　甜白酒蜂蜜烤梨
86　肉桂甜橙果泥
88　加泰隆尼亚烤焦糖奶黄酱
90　传统糖烤牛奶米布丁
92　糖烤牛奶炖蛋
95　咕咕霍夫蛋糕
98　黑巧克力慕斯
100　法国吐司烤苹果
102　甜橙巧克力慕斯

Part 5 法国家常咸/甜蛋糕

106　甜橙蛋糕
109　胡萝卜葡萄干果仁蛋糕
112　维多利亚戚风蛋糕
115　椰丝香蕉蛋糕
117　浓情巧克力酱蛋糕
120　杏仁蜂蜜蛋糕
122　咖啡核桃蛋糕卷

Part 6 法国咖啡小点心

127　果仁夹心糖（牛轧糖）
130　杏仁小脆饼
132　费南雪
135　糖渍甜橙条、甜橙巧克力条
138　开心果巧克力咸饼
140　松露巧克力
142　椰子刚果球
144　玛德莲娜
146　列日华夫饼

Part I
法国甜点
基本功练习

香脆挞皮

香 脆挞皮主要以黄油和面粉混合制作而成。香脆挞皮又
称为甜挞皮，制作时除了用到黄油、面粉之外，还会
用到糖和鸡蛋。也有一些香脆挞皮在制作时是不放鸡蛋的，
而是用牛奶来取代鸡蛋。

挞皮和奶霜都是法国甜点的基本元素，在法国甜点变化
万千的食谱里，最主要的变化都是以这两种甜点为基础来发展、创
新的。近几年，法国的许多甜点店都拥有自家的挞皮和奶霜的独特做法，在摸索做法
时，他们都是先从基本功练起，进而研发出自己的独特配方并制作出具有独特风味的
挞皮和奶霜。

香脆挞皮在法国甜点中的用途十分广泛，凡是在有关法国甜点的书籍中出现的甜
派或挞，几乎都是用香脆挞皮来做的，如草莓挞、蓝莓挞、反烤苹果挞、苹果派、巧
克力派等。

制作挞皮时，一般都是用手揉挞皮，但有些人可能会不习惯。如果不习惯用手揉，
家里若有揉面机也可以让揉面机来帮忙。手揉的好处是，在揉挞皮时可以观察挞皮在
手揉过程中的变化。可能前一两次会失败，但是我相信只要按照步骤一步步慢慢做，
你一定可以做出与法国甜点店一样好吃的挞皮，甚至更好吃。

食材（12 寸挞大小）

中筋面粉 300 克、黄油 100 克、糖霜 125 克、鸡蛋 1 个

 制作

step 1

面粉与糖霜一起过筛后，放在桌上或盆里，用手稍微搅拌混合。

step 2

加入黄油，用手将黄油和面粉混合，揉捏至面粉呈面包屑状。

step 3

在黄油面粉中间挖个洞，打入鸡蛋，和匀，揉成表面光滑的面团。

step 4

用保鲜膜将面团包起来，放入冰箱，冷藏约 30 分钟。

step 6

将面皮贴紧烤模，用擀面棍去掉烤模边缘的面皮，再用手将烤模顶边的面皮整好。

step 8

从冰箱里取出，用叉子在面皮底部插出小洞，放上烘焙重石。烤箱以200℃预热10分钟，烤10~15分钟即成挞皮。

step 5

将面团从冰箱里取出，在工作台和擀面棍上撒上些许面粉，把面团擀成厚 3~5 毫米的面皮。将面皮用擀面棍卷起，挪到烤模上。

step 7

放入冰箱，冷藏约 30 分钟。

step 9

从烤箱中取出挞皮，拿出烘焙重石，放凉备用。

Helpful Tips
亮亮的小建议

1. 第 8 步里，在挞皮底部插出洞之后，可以放上一张烘焙纸，再放上一堆烘焙重石。若是没有烘焙重石，可以用豆类压着挞皮去烤。（请注意：烤过的豆类请勿再拿来煮食。）

2. 在挞皮上戳洞，是为了在烤的过程中让挞皮里产生的气由孔排出，以免挞皮一直往上膨胀，会导致挞皮内没有足够的空间填入馅料。

3. 混入面粉的黄油请先切小块，再放入面粉里，这样使用起来比较方便。

4. 请尽量使用刚从冰箱取出的黄油来制作挞皮。因为手的温度会使黄油慢慢软化，所以要使用刚从冰箱取出的有点硬的黄油，这样会比较容易跟面粉混合在一起。

5. 面团揉至表面光滑时，工作台和双手上应该就不会有面粉屑了，因为面团会将工作台和双手上的面粉屑都吸收了！也就是说，面团揉好时，工作台和你的双手应该是干净的。

6. 挞皮一次多做一些，包好放在冰箱冷冻室可以放 3 个月，冷藏只能放 1 周。从冷冻室取出需要解冻 40~50 分钟，再推擀开来。

7. 剩下的零碎挞皮可以再度擀开，用饼干模压出模型，直接做成烤饼干，小朋友可以蘸果酱或巧克力酱吃。

食材（12 寸挞大小）

中筋面粉 250 克、黄油 120 克、海盐 5 克、水 60~90 克

酥挞皮又称为咸派皮，制作时除了用到黄油、面粉之外，还用到海盐和水。也有一些酥挞皮在制作时是不加水的，而是用牛奶来代替水，或是会多加入鸡蛋来增加酥挞皮的风味。

酥挞皮在法国甜点中主要用来制作法式咸派，凡是在有关法国甜点的书籍中出现的咸派或咸挞，几乎都是用酥挞皮来做的，如洛林咸派、马铃薯培根咸派、鲑鱼菠菜茴香咸派等。有些水果派也会用酥挞皮来制作，如苹果派，这种做法是一些法国甜点师傅的创意做法，你也可以尝试一下。

Helpful Tips
亮亮的小建议

酥挞皮和香脆挞皮的建议事项很相似，详见第 4 页。

制作

step 1

面粉过筛，加入海盐，用手将混有海盐的面粉搅拌一下。

step 2

加入切成小丁的黄油，用手将面粉和黄油揉搓成面包屑状。

step 3

在黄油面粉中间挖个洞，加入水，从中间开始，以画圈圈的方式慢慢混合水和黄油面粉。

step 4

用双手将面团揉成光滑的球状，用保鲜膜包起来，放入冰箱，冷藏约 30 分钟。

step 5

从冰箱里取出面团，擀开的方式和烤制的方式与香脆挞皮的制作步骤 5~9 相同。

千层派皮在法国的甜点界有着举足轻重的地位，它以黄油和面粉为主，再掺入少许的海盐和水，经过多次的擀、折之后，展现出犹如薄纸般的一层一层的派皮。由于面粉包住了黄油，所以千层派皮的口感香脆且具有浓郁的黄油香味。

千层派皮比香脆挞皮和酥挞皮有更广泛的用途，可以用于制作派、修颂、国王饼等，也可以用于一些挞或开胃前菜中，变化相当多。但千层派皮的制作也是非常花时间的。在制作千层派皮时，气温不能太高，因为气温太高会使黄油容易融化，造成派皮变湿，在擀派皮的时候容易擀出破洞。因此，千层派皮的擀制，需要在凉爽的低温天气里进行。另外，手的温度过高也是造成揉擀派皮的过程中派皮过软、过湿的重要原因（擀香脆挞皮和酥挞皮亦是）。手温过高的解决方法是：最好将双手放进冰箱冷却降温，或浸入冰冷的水中，待手温降下来后，手离开冰箱或冷水时应立即抹去双手的水分，再进行揉派皮的动作，并且在揉的过程中，双手要不断地撒上干面粉，让手不至于粘面粉或黄油。千层派皮与香脆挞皮和酥挞皮一样，擀好并分切好后用保鲜膜包好，先放入保冷袋或保冷盒里，再放入冰箱冷冻室中，可以保存3个月。等要使用的时候再从冷冻室取出解冻，便可以进行擀平派皮的操作了！派皮的颜色如果跟当初擀制的时候有差别，如颜色变深，则表示派皮已变质，不宜使用，建议丢弃，重新擀制一份新的派皮。

千层派皮的做法发展到现在，有复杂程度高、等待时间久的，也有复杂程度较低、等待时间较短的。建议大家可以先试试我的做法，比较简易，待熟练后再进一步练习复杂程度较高的千层派皮做法。

食材（简易千层派皮）

中筋面粉 500 克、海盐 10 克、水 250 克、黄油 375 克

制作

step 1

面粉过筛，在面粉中间挖个洞，放入海盐。

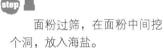

step 2

在洞中加入水，将面粉和水混匀。

step 3

将面团揉成圆球状，用保鲜膜包起来，放入冰箱冷藏 20~30 分钟。（请将冰箱的冷藏温度调至最低。）

step 4

从冰箱里取出面团，先用刀子在面团上切十字，再用手拨开。用擀面棍将面团擀成约 30 厘米见方的面皮。

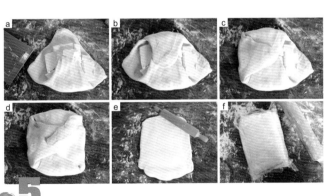

step 5

将黄油均匀地放入擀好的面皮中间，将面皮由下往上折，再由上往下折，由左往右折，再由右往左折。将折好的四个小角落粘好，不能有洞口，用擀面棍擀成约 25 厘米见方的面皮，用保鲜膜包起来，放入冰箱冷藏约 20 分钟。（请注意：面皮一开始折的方向要记好，接下来的 4 次擀折的方向都要一致，不能错乱，否则会影响到烤好后的派皮的口感！）

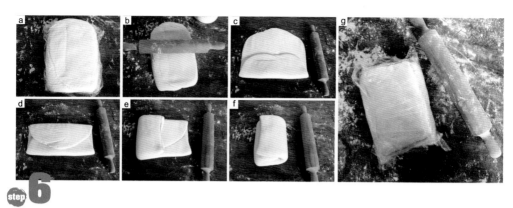

step 6

　　步骤 5 中面皮折叠的最后一步是由右往左折，表示开口在左边，因此，每次从冰箱拿出来时要将开口朝左边，再开始擀。擀至面皮大小约 45 厘米×35 厘米，继续将面皮由下往上折，由上往下折，由左往右折，再由右往左折，用保鲜膜包起来，放入冰箱冷藏约 20 分钟。

step 7

　　从冰箱里取出面皮，将开口朝左边，开始擀平面皮，擀时可以撒少许面粉以防粘。重复步骤5和6中擀折的动作，将面皮用保鲜膜包起来，放入冰箱再冷藏约20分钟。

step 8

　　从冰箱里取出面皮，将开口朝左边，开始擀平面皮，将面皮由下往上折，由上往下折，由左往右折，再由右往左折（这是擀折第5次，也是最后一次）。擀折好后，用尺量好千层派皮的宽度。可以分切成 3 份。

step 9

　　将分切好的千层派皮分别用保鲜膜包起来，先放入保冷袋或保冷盒里，再放入冰箱冷冻室中保存即可。

Helpful Tips
亮亮的小建议

1. 如果是千层派皮的复杂做法，大约要 8 小时才会完成。我的简易千层派皮做法，整个操作过程约 6 小时。

2. 如果室内气温真的很高，建议最好是擀折一次就放入冰箱，在冰箱里放置的时间也要相应延长到 45 分钟。这样做会比较耗时，但是派皮不容易破。如果派皮破了，会使黄油粘在擀面棍和工作台上，接着黄油又会粘到派皮上，最后造成派皮的破损度变高。

戚风蛋糕

戚风蛋糕是用鸡蛋、糖和面粉制作而成的蛋糕。法国的许多蛋糕都是以戚风蛋糕作为主体，再发展其他变化的创意蛋糕。戚风蛋糕的做法也有许多的不同。我家的小朋友们超爱戚风蛋糕，每次烤好戚风蛋糕，小朋友们就会抢着拿去涂果酱、巧克力酱，吃得津津有味。

如果你想要替家人或朋友做个庆生蛋糕，那么就做一个戚风蛋糕吧！将蛋糕横切成两块，夹层里面放入果酱或法式香缇，再放上喜欢的水果，简单美味的蛋糕就马上呈现了，并不需要花很多时间来制作。相信吃过你亲手做的戚风蛋糕的家人或朋友们，一定会对你的手艺赞不绝口。

戚风蛋糕可以做出不同的口味，如巧克力味、香草味等。一般用原味的戚风蛋糕作为蛋糕主体，若想要变化蛋糕的口味或增加蛋糕的整体风味，可以再加入黄油或水果。此外，也可以在蛋糕制作完成后在蛋糕表面涂上法式香缇或巧克力酱，做成维多利亚蛋糕、巧克力蛋糕等。本书中有示范做法可以参考，让你的手作蛋糕变得更加丰富、漂亮！

食材（约 6 人份）
　　鸡蛋 4 个、细砂糖 120 克、面粉 120 克

step 1

烤箱以200℃预热10分钟。

step 2

准备一个盆，将蛋黄和蛋白分开，蛋白放入盆里，使用电动打蛋器打发后，慢慢地加入细砂糖。请记得，要边加细砂糖边继续打发蛋白。

step 3

细砂糖逐渐加完后，放入蛋黄继续打发。

step 4

将面粉过筛后分批加入刚刚打发好的蛋糖糊里，使用刮刀将面粉和蛋糖糊慢慢地搅拌均匀。

step 5

在烤模里涂上黄油（未在食材中列出），倒入面糊，放入烤箱烤25分钟。

step 6

从烤箱中取出，在室温下放置约2分钟，用刀子的尖部在烤模周围小心地划一圈，以便让戚风蛋糕倒扣脱模。

Helpful Tips
亮亮的小建议

1. 如果不在烤模里放入烘焙纸，可以在烤模的底部和四周涂上黄油，再撒上薄薄的面粉，这样也可以方便蛋糕脱模。

2. 若是不想在烤模上涂上黄油，建议剪一块与烤模底部大小相同的烘焙纸，再剪一块比烤模高度高出5厘米的烘焙纸贴在烤模四周，之后再倒入面糊，这样也可以方便蛋糕脱模。

3. 测试蛋糕内部有没有熟的方法：取一根长竹签，插入蛋糕中心部位后取出，如果竹签表面有点湿黏，表示蛋糕还没烤熟；相反，如果竹签表面是干的，就可以立即将蛋糕取出。

4. 如果要将蛋糕横切成两块，最好等蛋糕凉了之后再切。请记得要用有锯齿的刀子切蛋糕，这样才不会造成蛋糕塌陷！

5. 面糊里如果有太多气泡，可以用牙签或叉子戳破，这样烤出来的蛋糕就不会有太多气孔了。

食材（约 250 克）

鲜奶油 200 克、糖霜 20 克

法式香缇

制作

step.

将鲜奶油放入盆里，使用电动打蛋器先以低速打发，待鲜奶油开始起泡泡后，慢慢分次加入糖霜，并将电动打蛋器切换至高速，将鲜奶油和糖霜打发至呈霜状即可。

Helpful Tips

亮亮的小建议

1. 天气如果太热，可以事先将盆、电动打蛋器的搅拌棒和鲜奶油放入冰箱冷藏约 30 分钟，之后再打发比较容易成功。

2. 请先将电动打蛋器放入装有鲜奶油的盆里再启动，同样，关闭电动打蛋器时也要让搅拌棒还在盆里就关闭，以免鲜奶油喷得到处都是。

3. 打好的法式香缇有很多用途，例如用作蛋糕里的夹层奶霜或蛋糕外层的奶霜，或搭配熔岩巧克力一起享用，搭配果酱或新鲜水果一起享用也很棒。

食材（约250毫升）

蛋黄 2 个、牛奶 250 克、
香草荚半根、细砂糖 50 克

　　制作英式香草淋酱时，先用蛋黄、牛奶、细砂糖做成液态淋酱，再加入香草荚来增加酱汁的香气。在英国，常会将淋酱煮得较为浓稠，并且会趁热享用淋酱。

　　英式香草淋酱可以单独食用，也可以与漂浮岛（一种蛋白打发的甜点）一并享用。

　　相同地，在法国，英式香草淋酱也会被用在各种甜点上，作为蛋糕的甜酱汁或水果的淋酱。英式香草淋酱还有一个比较常见的用法，就是淋在熔岩巧克力上，与被挖开的犹如岩浆般流出的巧克力一起享用。

　　在法国，人们习惯在淋酱里使用香草荚，并将冰凉的英式香草淋酱淋在喜欢的甜点上享用。

制作

step 1

将牛奶倒入锅里，香草荚对切，用刀尖刮出香草籽后，放入锅里，以小火煮沸牛奶。

step 2

准备一个盆，放入蛋黄和细砂糖。

step 3

将蛋黄和细砂糖用打蛋器搅拌均匀。

step 4

倒入香草牛奶，搅拌均匀，过筛后再倒回锅里，以小火煮约3分钟至略稠后熄火。

step 5

放凉后，放入冰箱冷藏约3小时即可。

亮亮的小建议

1. 煮好的酱汁会有些许泡泡，放入冰箱后，泡泡就会慢慢消失了！

2. 如果没有香草荚，可以用半茶匙的香草精来代替。

3. 将牛奶倒入蛋糖液中时要分次加入，否则牛奶的温度会使蛋黄凝结为蛋花。

巧克力酱是一种平常又基本的甜酱，在法国的很多甜点里都有用到。其制作时必须使用可可固形物含量超过70%的巧克力，并且还要注意融化巧克力时的温度。融化巧克力时，要用小火慢慢加热，若火太大或温度过高，容易导致巧克力油脂分离。融化后的巧克力要加热至表面有光泽，这样才算是好的成品。巧克力酱通常涂抹在蛋糕中间作为夹层，也可以涂抹在蛋糕表面作为装饰，如圣诞节的巧克力树轮蛋糕和经典的浓郁巧克力蛋糕，还可单独使用，制成巧克力生膏或巧克力挞。

巧克力酱

食材（约500克）

黑巧克力（敲成小块）200克、赤砂糖30克、黄油（切成小块）200克、保久乳2.5汤匙

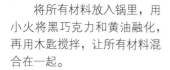

step 1

将所有材料放入锅里，用小火将黑巧克力和黄油融化，再用木匙搅拌，让所有材料混合在一起。

step 2

将融化的巧克力酱倒入碗里。

step 3

放入冰箱冷藏约1小时即可。

Helpful Tips
亮亮的小建议

1. 如果没有赤砂糖，可以改用细白砂糖。但是赤砂糖不会很甜，而细白砂糖比较甜。

2. 请尽量使用保久乳，经过高温杀菌的保久乳比较稳定。

3. 请尽量使用可可固形物含量超过70%的黑巧克力来制作。

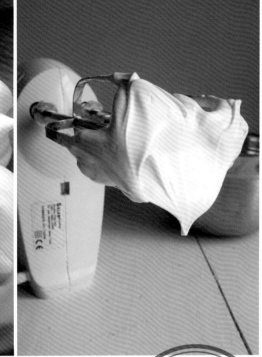

法式蛋白霜主要用蛋白和糖制作而成。在打发蛋白之前，可以放入少许海盐一起打发，这样蛋白比较容易成形。法式蛋白霜最常出现在柠檬挞上面，现在许多柠檬挞上面的蛋白霜都是意式蛋白霜。法式蛋白霜与意式蛋白霜的差别在哪儿呢？法式蛋白霜打发后需要放入烤箱，以低温烘烤出硬脆口感；意式蛋白霜则是以高温水沸的方法，隔水加入打发的蛋白，再加入热糖水继续打发至蛋白霜非常浓稠且厚重。意式蛋白霜因为隔水加热的关系，生的蛋白已经经过间接的高温杀菌，因此，将打发的意式蛋白霜挤在挞上后，再用喷火枪烧出焦糖色，便可直接享用了。

法式蛋白霜还可以挤成各种形状，放入烤箱低温烘烤后，再涂上果酱，就会变成另一种形式的蛋糕。有时会在一些小的蛋白霜饼干中加入食用色素，从而制作出具有诱人色泽的蛋白霜脆饼。现在的法国甜点里，会将蛋白霜挤成大水滴状，烘烤后摆放在蛋糕上或巧克力饮品上，以做出各种好看的造型。蛋白霜除了具有令甜品在视觉上更美观的用处外，还可以与饮品搭配在一起享用。

法式蛋白霜

食材（约 100 克蛋白霜）

糖霜 40 克、蛋白 2 个、海盐少许

step 1

在盆里放入蛋白和海盐，用电动打蛋器低速打发。

step 3

加入剩下的糖霜，打发至蛋白泡沫变得很细腻。

step 5

若要烤成蛋白霜脆饼，可在上述的材料中加入少许柠檬汁一起打发。然后装入挤花袋里，挤在烤盘上，以100℃烤1小时即可。

step 2

当盆里的蛋白出现许多大个的泡泡时，加入一部分糖霜，将电动打蛋器切换成高速继续打发，大个的泡泡开始消失，蛋白变得越来越紧密。

a

b

step 4

将蛋白霜用刮刀挖起来，若蛋白霜牢牢贴在刮刀上不会掉下来，即完成打发。

step 6

可爱的小蛋白霜脆饼还可以放在热巧克力或咖啡上，搭配饮品食用。

Helpful Tips

亮亮的小建议

1. 冰过的蛋白比较容易打发，如果选用室温下的蛋白，打发时要多加20克的糖霜，这样较容易打发。

2. 打发过头的蛋白霜会类似棉花状（即分离状），不扎实，没有弹性，也不细腻，更不容易消泡，这样的蛋白霜烤起来不会膨胀，是失败品。成功的蛋白霜要有弹性、扎实、细腻，而且不易流动。

3. 打发蛋白霜时，从加入糖霜开始要一直使用高速打发，打发25~30分钟。当然，分量越多，打发的时间也会越久。

4. 烤好的蛋白霜脆饼怕潮湿，若遇到湿的空气，原本脆硬的蛋白霜脆饼很容易粘手，所以制作好后要尽快装进罐子里保存。

Part 2 法国节日甜点

● 法国中部

圣诞节一过完，新年就不远了。今年你可以按与以往不同的方式来过新年，如跟法国人一样做一份国王饼，很有可能因此得到一年的好运！

在法国，每年的 1 月 6 日是主显节。在这一天，无论是家庭聚会还是好友相聚，必定会吃国王饼。吃到国王饼里面的陶瓷偶或蚕豆的幸运儿要带上皇冠接受大家的祝福，也预示他今年一整年都会是非常好运的。

法国新年的那一个月，大到卖场，小到超市、甜点店、面包店都会销售国王饼，因为在法国国王饼的历史相当悠久。大型卖场里销售的国王饼大多是由机器制作的，若想吃到好吃的国王饼，一定要到面包店或正统的甜点店，只有在这两个地方才可以买到纯手工制作的好吃的国王饼。

> 国王饼由两张千层派皮叠成，里面的馅料是由杏仁粉、鸡蛋、黄油、朗姆酒混合而成的。
>
> 将国王饼放入烤箱烤制前，给外皮涂上蛋液就能烤出香脆的酥皮，这样的酥皮在切的那一刹那会听到清脆的断裂声。如果烤箱没有事先预热，是烤不出色泽漂亮的国王饼的。
>
> 温温热热的国王饼最好吃，如果冷了再吃，味道可能就没有那么香了，但还是能吃出甜杏仁馅儿的香气与淡淡的朗姆酒香。

关于国王饼，有一个跟《圣经》有关的故事。根据《圣经》的记载，耶稣诞生后，三位有预言能力的圣贤由远方跟随着天上最闪亮的一颗星星来到伯利恒，找到了藏在马槽里的玛丽亚与圣婴（也就是耶稣）。法国基督教徒们深信这三位有预言能力的圣贤就是东方三国王。

为了纪念东方三国王，法国人民会在每年的 1 月 6 日开始准备甜的杏仁派，并在派里放入一个小瓷偶或蚕豆，小朋友们也会制作金色纸剪裁的皇冠。通常在周末的晚餐过后，家中的长辈会将甜杏仁派切成片，再盖上一张好看的餐布或餐巾纸，接着将甜杏仁派转一圈，由在场年纪最小的小朋友说个数字之后来分送甜杏仁派，并决定谁先吃。谁吃到藏在甜杏仁派里的小瓷偶或蚕豆，谁就要戴上皇冠成为这一天的国王，并接受大家的拥抱、亲吻与真诚的祝福。

据史料记载，法国国王路易十四的宫廷里也有分食国王饼的传统。谁吃到蚕豆，谁就可以成为当天的国王，如果是宫廷中的贵妇吃到蚕豆，她就可以当一天的法国王后，并向国王路易十四祈求恩宠，实现一个愿望。

国王饼

主食材（约6人份）

千层派皮 500 克、杏仁粉 200 克、糖霜 125 克、黄油 100 克、蛋黄 2 个、朗姆酒 15 克

装饰食材

蛋黄 1 个、糖霜 25 克

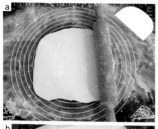

step 1

将千层派皮分成两等份，再分别擀成厚约5毫米的薄片。将两张烘焙纸层叠在烤盘上，每张烘焙纸上各放一片擀开的派皮，之后放入冰箱冷藏，备用。

step 2

准备一个盆，加入融化的黄油，用电动打蛋器将黄油打发。

step 3

加入杏仁粉和糖霜，继续用电动打蛋器打发。

step 4

加入蛋黄和朗姆酒，将电动打蛋器切换至高速，以减少进入馅料的空气。打发完全后，使用刮刀将盆边的馅料全部刮下，搅拌均匀。

step 5

烤箱以200℃预热10分钟。从冰箱里取出派皮，挤上打发好的馅料，并将陶瓷偶放进去。

step 6

可以将馅料装入挤花嘴里再挤到派皮上，也可以直接将馅料涂在派皮上。派皮边必须留出2~3厘米的宽度用来黏合。

step 7

在派皮预留出的边上涂上一圈水，接着放上另一张派皮，用手指将派皮按压黏合在一起。

step 8

将蛋黄打匀成蛋液，涂在国王饼的表面，之后放入冰箱冷藏约15分钟。

step 10

用刀尖在国王饼表面划上线条，无论是皇冠上的几何图形还是叶子的图形，都是国王饼的象征图案。

step 12

将国王饼从烤箱中取出后，可以在表面涂上糖水（未在食材中列出），也可不涂。等国王饼冷了就可以跟家人来玩寻宝吃饼的游戏了！

step 9

拿出冷藏过的国王饼，用刀背在国王饼的表面划上线条。用牙签在国王饼的中间和四周戳洞，因为国王饼在烤的时候会膨胀，戳洞是为了将国王饼里的空气排出，以免在烤制时爆开。

step 11

将国王饼放入烤箱前先撒上糖霜，以200℃烤10分钟，之后再以180℃烤20分钟。

Helpful Tips
亮亮的小建议

1. 在黏合两张派皮时，如果派皮大小不一样，可以用刀子修整成一样的大小。

2. 用刀子划线条时，通常一开始会掌握不准手的力道，可能会一下子下太大的力而将派皮割破，所以每一刀都要轻轻划！

3. 烤前撒过糖霜的话，烤后就不用再涂糖水了！撒糖霜是为了烤出漂亮且色泽均匀的派皮。若是烤后仍想涂糖水，可以将25克糖霜和50克热水混合，待糖霜溶化后冷却备用。等到国王饼烤好，马上趁热涂上糖水，这样饼的表面就会变成漂亮的焦糖色。

● 法国南部

法国南部在主显节（1月6日）期间会出现传统的蛋糕——黄油国王蛋糕。为了庆祝耶稣的诞生（诞生于圣诞节），东方三国王带着甜点前来探望小耶稣，赠送给小耶稣的甜点就被称为黄油国王蛋糕。黄油国王蛋糕在法国南部的朗格多克（Languedoc）享有盛名。蛋糕有着淡淡的橙花香味，装饰在蛋糕上的糖霜和糖渍水果代表国王皇冠上光彩夺目、五颜六色的宝石。蛋糕里通常藏着一个陶瓷偶，按照习俗，谁吃到这个隐藏在蛋糕里的陶瓷偶，谁就是当天的国王，成为国王的人可以戴上纸做的金色皇冠或是自己亲手制作的其他皇冠，而且要负责准备明年的黄油国王蛋糕。

24

黄油国王蛋糕

主食材（约 6 人份）

面粉 300 克、细砂糖 25 克、鸡蛋 4 个、黄油 150 克、新鲜酵母菌 5 克、水 100 毫升、海盐半茶匙、朗姆酒 2 汤匙、甜橙 1 个、糖渍水果（甜橙片或柠檬片）120 克

装饰食材

糖渍水果 100 克、甜橙泥或果酱 40 克、糖晶 15 克、蛋黄 1 个

制作

step.1

将甜橙洗净，抹干水分后将甜橙皮磨下来，备用。糖渍水果切丁，备用。

step.2

将新鲜酵母菌放入水中，搅拌溶化。盆里加入面粉，在面粉里挖一个洞，加入细砂糖、海盐、新鲜酵母菌，用手将所有材料完全混合在一起。

step 3

加入鸡蛋、朗姆酒、甜橙皮，搅拌约5分钟，直到形成黏稠的面糊。

step 4

加入黄油，用电动打蛋器慢慢地打匀面糊，待面糊有点弹性即可。

step 5

因为面糊很黏稠，打匀到有弹性时，用刮刀挖起来可以发现面糊能弹回去。

step 6

放入糖渍水果丁和陶瓷偶搅拌后，盖上一块干净的布，放入冰箱冷藏一晚。

 The Next Day

次日

step 1

取出面团，用手揉面团2~3分钟。

step 2

用擀面棍将面团擀开，折叠4次，再擀开，再折叠4次。

a

b

将面团揉成圆形，用手指戳进面团中间挖洞，将洞挖得大一点。

面团中间挖空后，如果洞会缩回去，可以找个圆形烤模或将烘焙纸折成圆筒后放在面团中间，以避免中间的洞缩小。

室温下放置 1 小时。

step 6

烤箱以 170℃预热 10 分钟。等面团变硬后，再稍微移动一下面团，让面团可以再度发酵。

step 7

蛋黄加少量水打匀后，涂在面团上。

step 8

将面团放入烤箱烤 45 分钟。

step 9

取出烤熟的蛋糕，待蛋糕冷却至微温时，涂上甜橙泥或果酱，再撒上糖晶和自己喜欢的糖渍水果作装饰。

Helpful Tips
亮亮的小建议

1. 面糊在制作过程中会变得非常黏稠，如果没有专门的搅面机，可以跟我一样，用电动打蛋器慢慢打也可以打得很均匀，面团也很有弹性。

2. 制作这个蛋糕较花时间，但是完成后绝对会非常有成就感！

3. 没有规定糖渍水果一定要用哪一种水果，只要是家人喜欢的水果就可以。

4. 若不喜欢口味太甜，在用糖渍水果装饰时，就不用再涂糖水了。若是想让糖渍水果有光泽，建议用 100 克糖霜和 50 克水混合煮成糖水，放凉后涂在糖渍水果上。这样做的好处是糖渍水果不易掉落，也会增加蛋糕的品相。

5. 还可以在蛋糕上洒几滴橙花水，因为这个蛋糕的特色就是要有橙花香味。

6. 没有放入蛋糕里的陶瓷偶的话，可以用杏仁或蚕豆来代替。

蛋糕面包

● 法国北部

在法国北部，尤其是靠近加来海峡的地区，这些地区的人们在任何节日日里都不会错过品尝蛋糕面包的好机会。例如在农作物收获的时节，啤酒花采收后的第一个星期天的早上，每个家庭的餐桌上都会出现奶油、火腿和冷汤，以及好大一块蛋糕面包，大家围坐在一起大快朵颐。或是在圣诞节的早晨，几片涂上奶油的蛋糕面包，再搭配一杯加入了牛奶并撒有大量巧克力碎片的热巧克力一起享用，幸福而又温暖。

> 无论什么节日，这个松软的散发着淡淡橙花香味，像蛋糕又有面包香气的蛋糕面包，都会在法国北部每一个家庭的餐桌上出现。
>
> 无论什么节日，都不能错过品尝松软的蛋糕面包和一杯现煮的浓郁热巧克力。

食材（4~6 人份）

面粉 250 克、鸡蛋 2 个、融化的黄油 100 克、葡萄干 1 小把、热的菩提花茶半杯、细砂糖 1 汤匙、新鲜酵母菌 41 克、牛奶半杯

制作

step 1

将葡萄干放入热的菩提花茶里，泡约 10 分钟。

step 3

将蛋白用电动打蛋器打发，备用。

step 5

将面粉放入盆里，中间挖出一个洞，放入蛋黄，搅拌均匀。

step 2

分开蛋黄和蛋白。

step 4

将细砂糖和新鲜酵母菌放入牛奶里搅拌均匀。

step 6

加入黄油和混合好的牛奶，搅拌均匀。

step 8

加入打发的蛋白慢慢搅拌，使蛋白与面团混合均匀。

step 10

烤箱以180℃预热10分钟，放入发酵好的面团烤30~40分钟。

step 11

从烤箱中取出，冷却后切片享用。

step 7

从菩提花茶里捞出葡萄干，沥干水分，放入面团中，搅拌均匀。

step 9

将面团放入烤模，在较温暖的地方放置2小时发酵。

Helpful Tips

亮亮的小建议

菩提花茶也可以用其他花茶代替。

法式薄饼

薄饼的历史

薄饼并不是近几年才在法国出现的，在更早之前就已经存在了。法国对薄饼的由来进行了多方查证后发现，薄饼作为一种面食最早出现在7000年前，比耶稣的存在还要早。早期的薄饼从外观上看比较像大而薄的烤饼，这种烤饼的制作需要先将谷物的粉末用水调配成面糊，再将面糊用热平石板煎熟。那时候的热平石板就相当于今天的平底锅。

无论是薄饼还是烤饼，都是在13世纪时出现在法国布列塔尼地区的。当时，自亚洲传入的荞麦面粉是制作烤饼的主要原料，也是当地居民常见的食用面粉之一，而白面粉常会被用来与鸡蛋和牛奶调配，做成一般的甜薄饼。

如今，薄饼在法国到处可见，如超市、流动餐车……如果你想来个布列塔尼式风格的吃法，那就找一家当地人会光顾的薄饼店，点上一盘薄饼，再搭配一杯具有当地特色的苹果气泡酒。在法国，薄饼是存在于所有法国人孩童时期的一种甜点，每个家庭的妈妈或奶奶都会做这种十分简单的法国家常甜点。

圣蜡节

法国的圣蜡节是在圣诞节过后的第40天，也就是每年的2月2日。这一天，耶稣的信徒们大都会到自己居住地的耶稣教堂做祷告并祈福，教堂里会布置圣母玛利亚生下耶稣这一重大事件的相关文献和画像供大家瞻仰。为什么圣蜡节会是在2月2日呢？因为这天正是圣母玛利亚带着出生后40天的小耶稣到主堂瞻礼的日子，因此圣蜡节又被称为瞻礼节或洗身礼。

在古时候，2 月在法文里写为 Février，有洗净、涤除的意思，所以圣蜡节与即将离去的冬日净化阶段有些关联。进入 2 月后，冰冻的大地渐渐复苏，冰天雪地的冬季逐渐离去，白昼开始变长，草长莺飞的春季即将到来。圣蜡节这天，教堂的各个角落都会点上蜡烛，人们手持蜡烛在教堂游行，并向耶稣祈福，这与我们到庙宇里点香供佛并向神明祈福、求平安是相似的。

随着洗身礼的到来和冬天的离去，人们满心欢喜地期盼春天和夏天的来临。所以一到 2 月，法国的很多小镇都会开始庆祝各种节日，除了吃吃喝喝，大家还会参加节日狂欢。

每年的 2 月 2 日，法国的家家户户都会举办以"薄饼"为主题的活动，在这天一定要吃薄饼就对了！但为什么要吃薄饼呢？阿嬷说，耶稣跟太阳一样是带给大家光明和希望的，薄饼大又圆，煎成金黄色后就像太阳，正好符合送走阴冷的冬天，迎来暖暖的阳光的寓意。这样说来，有点像我们中秋节赏月吃月饼的习俗。

> 啤酒风味的薄饼是法国北部与比利时一带非常有特色的地区性法式薄饼，蛋奶口感的薄饼皮散发着淡淡的啤酒香。想要做出好吃的薄饼，在煎的时候一定要注意饼皮上不要有气孔，而且饼皮的手感要软嫩。法式薄饼的吃法相当多元化，就如同松饼的吃法一样，可以搭配喜欢的酱料或水果一起享用。法国最基本的薄饼吃法是在薄饼上撒上些许白糖，或涂上果酱，再放上各种莓果或其他新鲜水果，诱人又美味。
>
> 薄饼既可以作为甜点，也可以作为早餐或晚餐。一般法国人吃薄饼时习惯搭配一杯气泡苹果酒，这样的吃法别有一番风味。无论是甜味的苹果酒还是带涩味的苹果酒都可以，如果是自家酿造的苹果酒当然是再好不过了！

啤酒风味薄饼皮食材

面粉 180 克、融化的黄油 55 克、牛奶 500 克、鸡蛋 3 个、海盐 3 克、细砂糖 20 克、黄金色啤酒半瓶

制作

step 1

将面粉、细砂糖和海盐放入盆里，用手和匀。

a

b

step 2

将鸡蛋打匀成蛋液，在面粉中间挖一个洞，倒入蛋液，搅拌均匀。

step 3

倒入一半牛奶，与刚刚和匀的面糊一起慢慢搅拌，直到牛奶与面糊充分融合。接着倒入剩下的一半牛奶，再倒入融化的黄油和啤酒，搅拌成面糊，之后放置 30~60 分钟。

a

b

step 4

开中小火，在平底锅内抹上些许黄油，待锅变热后，平底锅离火，加入 1 汤匙的面糊。加入面糊时请从锅边倒入，再转动平底锅让面糊可以充分流动，均匀地摊在平底锅里。

step 5

煎至锅边的饼皮翘起来就可以翻面了，再煎 1 分钟即可。重复刚刚的步骤，直到将面糊都煎完。

附上两道简单的薄饼甜点作品

白糖薄饼

焦糖薄饼

Part 3 法国地方性家常
特色挞派

大黄根蛋白霜挞

● 法国北部 加来海峡省

大黄根是一种很特殊并别具风味的根茎类蔬菜，在亚洲地区鲜有人使用或知道如何使用它。大黄根除了做主菜旁的美味配菜，也经常被用在甜点上。大黄根的口感酸酸的，所以用它做甜点时需要加入大量的糖来突显它特有的芳香与美味的口感。

在法国，当自家的菜园里种植的大黄根大量收获时，短时间内吃不完的大黄根就会被制作成家人喜爱的家常果酱。

法国的很多省份都有自己地区独有的私房大黄根挞，但是，我个人偏爱酸甜中夹着烤过的酥软蛋白霜且属于"阿嬷的老祖宗食谱"的大黄根蛋白霜挞，它有着迷人的、浅浅的黄油香。5月的下午，走进菜园收割成熟的大黄根，回到厨房敲敲弄弄，伴随法国女歌手的美妙声音制作甜点。在温暖而又舒服的夕阳下，和阿公[注]、阿嬷一起坐在庭院的摇椅上，享用着来自菜园的美味。

小秘密：阿公说要来杯不甜的白酒，因为它和这个甜挞最搭了！

注：阿公是男友的爸爸。

主食材（约 4 人份）

香脆挞皮面团（详细做法参考第 2~4 页）250 克、大黄根（切成长约 2 厘米的块状）500 克、黄油 25 克、糖 50 克

蛋白霜（详细做法参考第 15、16 页）

细砂糖 125 克、蛋白 2 个、海盐少许

制作

将大黄根洗净，沥干水分后切成长约 2 厘米的块状。平底锅里放入黄油，加热使黄油融化。

放入大黄根块翻炒约 10 秒，加入糖。以中小火煮 15 秒，待锅里的糖和黄油变成焦糖即熄火，备用。

step 3

将香脆挞皮面团擀开后，放入烤模里整好形，在挞皮的底部用叉子戳洞，将挞皮和烤模一起放入冰箱冷藏约 30 分钟。

step 4

烤箱以 180℃ 预热 10 分钟，整好冷藏过的挞皮，放入烤箱烤 10 分钟。

step 5

从烤箱中取出，将刚刚用糖和黄油煮过的大黄根放入挞皮里，再放入烤箱烤 15 分钟。

a

b

step 6

制作蛋白霜：在盆里放入蛋白和海盐，将蛋白打成泡沫状后分两次加入细砂糖，用电动打蛋器以高速打 25 分钟左右，至蛋白霜坚固、扎实、不会流动即可。

step 7

将蛋白霜放在刚刚烤过的大黄根上，放入烤箱以 150℃ 烤 25 分钟。放凉后就可以切片享用了！

Helpful Tips
亮亮的小建议

用不完的蛋白霜可以做成蛋白霜脆饼。

厚皮蛋派

● **法国北部** 加来海峡省

有一种味道纯粹的甜点，那美好的滋味不断地在脑海里浮现。浓厚、不造作的口感，交织着蛋与奶香味儿，融合在浓郁的厚皮蛋派里，勾起了我小时候的回忆……奶奶在厨房里忙碌地制作属于我们俩的独特味道的蛋派，这是我小时候的味道，也是我想念的奶奶的味道。

中世纪末期，在法国北部的家庭聚会上，尤其是在主教瞻仰巡礼游行（法国北部的小乡镇中非常有名的活动）的聚会上，家庭主妇们会制作一些不同口味的厚皮蛋派，或者从面包店购买一些成品的挞或派来供大家享用。由于那个时候大多数家庭没有钱购买烤模，因此主妇们会将已经做好的派皮直接贴在烤火炉的铁皮旁。为了让派皮硬实而完整，并让蛋奶液也能够完整地烤好，主妇们会将派皮做得比较厚、比较高，之后再将蛋奶液放入派里，在烤火炉里一起烤熟，因此有了"厚皮蛋派"的名字。法国北部的一些小乡镇每年仍然举办着主教瞻仰巡礼游行，而且这项活动已经成为法国非常有名的宗教活动。在聚会上，各个家庭的主妇们会借此展示自己制作厚皮蛋派的手艺，有些非常有创意的主妇们会在蛋奶液里加入与往常口味不同的食材，主教瞻仰巡礼游行也变成主妇们交换厚皮蛋派制作心得的好时机。

食材（约8人份）

香脆挞皮（未烤制）1张、
牛奶500克、液态鲜奶油125克、
蛋黄5个、细砂糖125克、玉
米粉75克

 制作

step 1

烤箱以180℃预热10分
钟，将香脆挞皮（详细做法参
考第2~4页）放入烤箱中烤
10~15分钟，备用。

step 2

准备一只深锅，倒入牛
奶和液态鲜奶油，以小火加热。

step 3

准备一个盆，放入细砂糖
和玉米粉搅拌均匀，再加入蛋
黄搅拌均匀。

step 4 分次将加热过的牛奶和液态鲜奶油慢慢加入刚刚搅拌好的细砂糖、玉米粉和蛋黄里，用打蛋器搅拌均匀。

step 7 放入烤箱烤25~30分钟，取出，稍冷却后可撒上少许柠檬皮和糖霜作装饰。

step 5 将搅拌均匀的牛奶蛋液倒回深锅里，以中小火加热，边加热边搅拌，至牛奶蛋液呈浓稠状即可离火。

step 6 将牛奶蛋液搅拌至稍冷却，倒入事先已经烤好的香脆挞皮里。

step 8 冷却后再切，这样比较容易切出完整的形状。

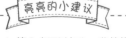
亮亮的小建议

1. 第3步可以加入一些柠檬皮或甜橙皮，以增加香气。

2. 第5步倒回深锅里再加热时，千万不能开大火，要用中小火，若火太大会焦锅底。而且手上的打蛋器不能停，要快速地搅拌，因为牛奶蛋液受热会很快变稠，若是停下来，锅边缘的牛奶蛋液容易结块，吃的时候很容易吃到块状的内馅。

3. 如果想要内馅有其他的口味，如巧克力、柠檬或甜橙口味等，在第3步加入相应的食材即可。

4. 若没有玉米粉，可以用马铃薯全粉代替（请勿用太白粉）。

芙拉慕斯
苹果挞

● 法国中部 勃艮第

勃艮第的这道家常苹果挞的法文名称叫 La flamusse，也有人叫它 La flamous，或是直接称呼为 Flamusse。它是一道甜点，但有些人也会将它做成咸的口味。挞中的苹果泥可以用其他的瓜果泥代替，如南瓜泥等，也可以将南瓜去皮切块放入挞中来烤。这道家常苹果挞就是勃艮第地区美味而又简单的午餐主角，再搭配新鲜翠绿的沙拉，非常地道的勃艮第家常简单午餐食谱就呈现出来了。

午后小憩后，走入厨房随手拿起几个已经久放的青苹果，削皮切块，黄油入锅，翻炒过后快速制作出勃艮第的美味家常苹果挞，跟朋友喝着茶聊着天吃着苹果挞，一同度过美好而又悠闲的乡村午后时光。

食材（约 3 人份）

青苹果 3 个、鸡蛋 2 个、牛奶 250 克、液态鲜奶油半汤匙、细砂糖 38 克、黄油 8 克、海盐少许、面粉 25 克

制作

 step 1

青苹果洗净，去核后切块。烤箱以 150℃ 预热 10 分钟。

 step 2

用 5 克黄油将青苹果略煎，煎好的青苹果用厨房纸吸油后备用。

 **step 3**

准备一个沙拉碗，放入鸡蛋、牛奶、细砂糖和海盐搅拌均匀后，加入已过筛的面粉，最后加入液态鲜奶油搅拌均匀。

step 4

烤盘里涂上剩下的 3 克黄油，均匀地放入用黄油煎过的青苹果。

 **step 5**

将牛奶蛋液均匀地倒入每个烤模里。

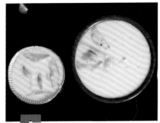 **step 6**

放入烤箱烤 45 分钟，待上色后从烤箱中取出，放凉后撒上糖霜（未在食材中列出）即可享用。

反烤
苹果挞

● 法国中部

1926年 美食评论家库尔侬司基在旅行到拉莫特－伯夫龙时发现了一家餐厅，这家餐厅由两位未婚的老妇人挞坦姐妹共同经营。当他在这家餐厅品尝甜点时，端上桌的苹果挞是他从未享用过的，也未曾听说过的，焦糖化的苹果馅儿在挞皮下面，香脆挞皮则在苹果馅儿上面。朋友跟他说这是倒转过来的苹果挞，库尔侬司基发现这挞真是奇迹般的美味！

一回到巴黎，我们这位喜欢开玩笑的评论家就编出了一则故事。他说，挞坦姐妹中的史蒂芬妮在苹果挞出炉时不小心让苹果挞掉落在地上，捡起时忘记翻面，就这么反着上桌了，但这倒转过来的苹果挞却出人意料地得到了好评。库尔侬司基的朋友们相信了这个故事，从此倒转苹果挞的故事传遍了全世界。就这样，苹果挞掉入了甜点的神秘传说里。

> 昨晚的大风将后院苹果树上的苹果吹得掉落一地。今早，我提着篮子走进果园，拾起被风吹落的苹果，准备下午用苹果制作焦糖化的苹果挞。品尝着反烤苹果挞，喝着浓浓香草味的茶，美味而又惬意。

食材（约 4 人份）

香脆挞皮面团 250 克、苹果 1 千克、赤砂糖 125 克、黄油 60 克

 制作 ·····

苹果洗净，去皮，去核，切成大块。

step.2

平底锅里放入赤砂糖和 2 汤匙水，用中小火慢慢将赤砂糖熬成糖浆后放入黄油，离火，让糖浆稍冷。

step.3

将苹果块放入锅里，用中小火煮 15 分钟。

step.4

在烤盘上放上一张烘焙纸，再放入煮好的裹满糖浆的苹果块。

step 5

将香脆挞皮面团擀开，盖在苹果块上，并将挞皮边缘整好。

step 6

放入烤箱（事先以180℃预热10分钟）烤25分钟，取出冷却后倒扣在盘子上，切片，放上一勺香草冰激凌一起享用。

Helpful Tips

亮亮的小建议

1. 若喜欢口感甜一些的苹果挞，可以将赤砂糖更换成细砂糖，细砂糖煮的时候颜色会更深一些，但是赤砂糖会更香一点。

2. 法国人喜欢在反烤苹果挞上放上一勺香草冰激凌，这样很适合在夏天享用。冬天则可以在苹果挞上挤上法式香缇，也很好吃。

3. 苹果的选择：青苹果比较酸，水分也比较少；红苹果水分比较多，煮的时候需要多花一点时间才能将糖浆熬得稠一些。如果可以的话，选表皮已经老化的苹果来制作，味道会更美妙。

● 法国东北部 阿尔萨斯

法国有名的苹果甜点除了反烤苹果挞之外，还有许多不同做法的苹果派。就像法国东北部的阿尔萨斯式传统苹果派，其用鲜奶油、鸡蛋、牛奶和糖制成的顺滑、细嫩的内馅有着慕斯与布丁的双重口感，烘烤后微酸的青苹果再搭配上酥脆的派皮，使得这道甜点并不腻口。青苹果与牛奶蛋液内馅的融合，足以展现这道甜点的美妙滋味。

白雪公主只喜欢吃红苹果吗？试试青苹果，它更清香、酸甜。阿尔萨斯式苹果派是我家的狗狗拉奇爱吃的苹果甜点之一，每次拉奇都能吃掉两份苹果派。

食材（约6人份）

香脆挞皮面团250克、中型苹果4~5个、鸡蛋3个、牛奶125克、霜状鲜奶油125克、细砂糖60克、香草精适量

制作

step 1 将香脆挞皮面团擀平，放入烤模里，用手指压挞皮以贴紧烤模，烤模顶端多余的挞皮可以直接剪掉。用叉子在挞皮底部戳出许多洞，之后放入冰箱冷藏约 20 分钟。烤箱以 180℃预热 10 分钟。

step 3 将苹果块放入挞皮里，放入烤箱烤 15~20 分钟。

step 5 将牛奶蛋液倒入已经烤过的苹果派里，放入烤箱烤 25 分钟，冷却后可撒上少许糖霜作装饰。

step 4 在盆里放入鸡蛋和细砂糖，再加入牛奶和霜状鲜奶油，最后加入香草精，搅拌均匀。

step 2 苹果去皮，去核，切块。

Helpful Tips 亮亮的小建议

1. 还有另一种做法，在第 3 步的挞皮底部先撒上约 20 克的细砂糖再放入苹果块，之后放入烤箱烤。喜欢甜一些或喜欢苹果带点焦糖香口味的可以这么做，这是一些阿尔萨斯阿嬷们的小秘诀，赶快偷偷学起来吧！

2. 如果没有香草精，可以取半根香草荚，对切之后取香草籽使用。

3. 此外，我自己的小创意是将整个已经削好皮的苹果放入挞皮里，倒入牛奶蛋液之后放入烤箱烤。或不使用挞皮，直接在烤模里放入苹果并倒入牛奶蛋液，之后放入烤箱烤，也是很不错的做法。

● 法国西部 **布列挞尼 布雷斯特**

草莓挞源自智利。法国质量最好的草莓则来自布列挞尼地区的布雷斯特市，这里气候适宜，黏土特性的土壤能种植出美丽又可口的草莓。因此，这儿的草莓采收期可以从春天持续到夏天，也因为如此，布雷斯特市的草莓甜点都相当美味。

> 夏天，采草莓的时候，小朋友穿着可爱的小雨鞋，提着小篮子在草莓园的这头闻着草莓，大喊："草莓好香！"草莓园的那头，狗狗拉奇也开心地四处闻闻，顺势找了一个最佳的位置坐下，享受着日光浴，并朝着我们这边笑，似乎也在说草莓园里的太阳好香，有草莓味……夏天，是小朋友和狗狗拉奇喜欢的季节，也是草莓丰收的季节，更是小朋友大吃草莓的季节。

食材（约6人份）

香脆挞皮面团250克、细砂糖130克、鸡蛋2个、草莓750克、香草糖少许、牛奶100克、海盐少许

制作

step 1

将香脆挞皮面团擀平,放入烤模里,用手指压挞皮以贴紧烤模,烤模顶端多余的挞皮可以直接剪掉。用叉子在挞皮底部戳出许多洞,之后放入冰箱冷藏约20分钟。烤箱以180℃预热10分钟。

step 2

在盆里放入鸡蛋、80克细砂糖、牛奶、少许香草糖和海盐,用手动打蛋器搅拌均匀。

step 3

将搅拌好的牛奶蛋液倒入事先烤好的挞里,放入烤箱烤10分钟,烤到牛奶蛋液表面变色就可以从烤箱中取出了!

step 4

在等待刚烤好的挞变凉时,将草莓洗净,擦干水,并将草莓的蒂头切掉,摆放在刚刚烤好的挞上。

step 5

制作草莓糖浆:10颗草莓用叉子压碎,加上剩余的50克细砂糖,一起放入锅里煮至细砂糖溶化即可。趁热用刷子蘸取草莓糖浆刷在草莓挞的草莓上,凉了之后就可以享用了!

Helpful Tips
亮亮的小建议

1. 如果没有香草糖,可以用香草粉代替。
2. 为了使牛奶蛋液能够在挞皮里凝固,我们可以在制作牛奶蛋液时加入30克玉米粉,能起到凝固的作用。

蓝莓挞

● 法国中部 奥弗涅

每年夏天，在奥弗涅地区的上卢瓦尔省，从树林里到树林外，甚至许多树林外的小径边都生长着蓝莓，蓝莓的采收期可以一直持续到7月底或8月初。每到盛产季，蓝莓那可口又多汁的果实实在太多，多到让农夫们伤透脑筋。除了可以将蓝莓冷冻起来保存，也可以将其做成美味的蓝莓果酱。因为生产过剩的缘故，大家还想到了制作美味的蓝莓挞，让我们可以多一种享用美味蓝莓的方式。

微凉的傍晚时分，小朋友们和狗狗拉奇在后院经过一阵追逐之后，有点累了的小朋友们在草地上席地而坐，一手拿着汤匙，一手端着盘子，盘子里盛有酸甜、新鲜的蓝莓挞，挞上还有一勺冰激凌或自制淋酱，小朋友们不仅吃得津津有味，还你一言我一语地说着自己是如何喜欢冰激凌和蓝莓搭配在一起的味道的。

主食材（约6人份）

香脆挞皮面团250克、新鲜蓝莓或冷冻蓝莓500克、细砂糖100克、糖霜2汤匙、杏仁粉125克、蛋黄3个、水2汤匙

淋酱

覆盆子或桑葚凝酱150克、水1汤匙、细砂糖少许

制作 ～～～～～～～～～～～～～～～～～～～～～～

step 1

蓝莓洗净，沥干水分。

step 5

烤箱以 200℃预热 10 分钟。

step 6

将蓝莓挞放入烤箱烤 30 分钟。

step 3

在盆里放入杏仁粉、细砂糖和蛋黄，用叉子搅拌均匀，搅拌时加入一点点水。将搅拌好的混合物倒入冷藏过的挞皮里，铺平表面。

step 2

将香脆挞皮面团擀开，放入烤模中，使挞皮贴紧烤模，去掉多余的挞皮。用叉子在挞皮底部戳出许多洞，之后放入冰箱冷藏，备用。

step 4

将蓝莓裹上糖霜后倒入挞皮里。

step 7

烤蓝莓挞的同时，我们制作淋酱：将覆盆子或桑葚凝酱与水和细砂糖一起放入锅里，用小火煮开即可。

step 8

从烤箱中取出蓝莓挞，淋上淋酱，待挞稍冷却后撒上糖霜即可享用。

Helpful Tips
亮亮的小建议

1. 不喜欢口味太甜的朋友，如果觉得淋酱太甜，可以不用淋酱，待烤好的蓝莓挞冷却后直接撒上糖霜即可。

2. 淋酱不是必须在蓝莓挞烤好后立即淋上的，也可以待蓝莓挞冷却后，切片放在盘子里，再依照个人喜好添加淋酱。

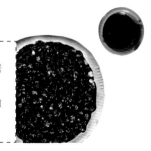

白奶酪挞

● 法国东北部 阿尔萨斯 洛林

白奶酪挞在法国东北部的阿尔萨斯和洛林地区是一道非常著名的甜挞甜点。许多当地居民会在这道白奶酪挞里加入少许的食用盐或少量的樱桃酒，也有人在制作时会加入葡萄干或煎熟的杏仁果。阿尔萨斯和洛林地区的主妇们都有自己的私房白奶酪挞做法，白奶酪挞真的是一道简单又美味的法国家常甜点。

食材（6~8 人份）

酥挞皮面团 250 克、细砂糖 150 克、鸡蛋 4 个、面粉 50 克、鲜奶油 100 克、白奶酪 500 克、柠檬皮碎少许

step 1

将酥挞皮面团擀成约 5 毫米厚的挞皮，在烤模上涂上黄油（未在食材中列出）。将挞皮放入烤模，使挞皮贴紧烤模。挞皮的底部用叉子戳出许多洞，之后放入冰箱冷藏，备用。

step 2

将蛋黄和蛋白分开，在盆里放入白奶酪、细砂糖、蛋黄、面粉和鲜奶油，搅拌均匀。

step 3

加入柠檬皮碎，再次搅拌均匀。

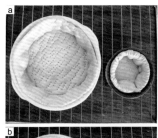

step 4

在另一个盆里放入蛋白并加入少许盐（未在食材中列出），用电动打蛋器将蛋白打发，打发至电动打蛋器的搅拌棒将蛋白拉起来不会往下掉即可。

step 7

从烤箱中取出，待冷却后即可享用。

step 5

慢慢地将之前搅拌均匀的白奶酪混合物加入打发好的蛋白里，边加入边搅拌，请务必轻轻搅拌。

step 6

烤箱以180℃预热10分钟，先放入挞皮烤15分钟，从烤箱中取出后，将白奶酪蛋白糊倒入挞皮中，再放入烤箱中，以175℃烤约30分钟。

Helpful Tips
亮亮的小建议

1. 打开白奶酪外包装的时候，如果包装袋里有白奶酪的水，要先将水沥掉，不要和白奶酪一起加入盆里。

2. 法式白奶酪的口感比美式奶酪要轻盈，如果想让口感更丰富，建议淋上莓果果酱一起享用，味道会更丰富。

3. 烤白奶酪挞的时候，白奶酪会膨胀变高，若是离烤箱的热管太近就有可能使白奶酪爆裂。烤的时候如果上色太快，可以在挞上面盖上一张烘焙纸继续烤，或是将烤架往下降一层，都可以减缓白奶酪上色。白奶酪挞从烤箱中取出后，膨胀的状况会慢慢消退。

4. 如果你的烤模比较大或比较高，烤熟白奶酪挞的时间需要增加10~15分钟！

5. 千万不要将刚从烤箱中取出的白奶酪挞切片，白奶酪挞需要一个晚上的时间冷却，隔天享用味道会更好。

焦糖果仁小挞

● 法国南部 普罗旺斯 – 阿尔卑斯 – 蓝色海岸

焦糖果仁小挞是法国南部地区欢庆圣诞节时享用的甜点里的其中一种。挞底部分主要是放干果的。传统的法国南部圣诞节甜点总共有13道，在制作其中几道甜点时必须使用4种不同颜色的干果，分别为杏仁、夏威夷豆、无花果和葡萄干，因为这4种干果的颜色分别代表着法国中世纪时期4个不同教会修道士的修行服颜色，虽然现在大家对这4种修道士的修行服颜色记忆有点模糊，但是大家在制作焦糖果仁小挞时仍然遵循着传统。这4个教会分别为Augustins、Carmes、Dominicains与Franciscains。

	代表色	果实
Augustins	紫色	无花果或其他紫色的干果
Carmes	咖啡色	只要是咖啡色的干果都可以
Dominicains	白色	杏仁
Franciscains	灰色，近乎铁灰色	葡萄干

随着时代的改变，传统的法国甜点也以不同的风貌来呈现并诠释着传统的风味。因此，大家也都依照当地的风俗在尝试更换挞里的干果，只要挞的口味变化不是太大，传统的风味还是存在的。

接下来的食谱是我家阿嬷的做法，做出的焦糖果仁小挞焦糖风味浓郁，干果味道也很丰富，是我最爱的法国小挞甜点之一。

一本好书，一杯香醇的咖啡，再加上几个焦糖果仁小挞，在阳光普照的庭院里度过一个美好的下午……

Helpful Tips
亮亮的小建议

在第 2 步中加入少许海盐，可增加焦糖的风味。

食材（约 4 人份）

香脆挞皮面团 125 克、黄油 50 克、细砂糖 25 克、蜂蜜 2 汤匙、杏仁 25 克、开心果 25 克、葡萄干 40 克、无花果干 30 克

 制作 —

step 1

将香脆挞皮面团擀开，放到烤模上，使挞皮压紧烤模，整好形状，用叉子在挞皮底部戳出许多洞。之后将烤模放入冰箱冷藏，备用。

step 2

将黄油放入锅里，用小火融化黄油。待黄油融化后，加入细砂糖和蜂蜜。

a

step.**5**

从冰箱里取出烤模，用木匙将在黄油中煮过的干果舀入烤模里。

step.**6**

将烤模放入烤箱里烤约20分钟。之后从烤箱中取出，待冷却后就可以搭配咖啡或茶一起享用了！

b

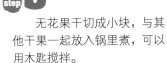

step.**3**

无花果干切成小块，与其他干果一起放入锅里煮，可以用木匙搅拌。

step.**4**

烤箱以180℃预热10分钟。

Part 4　法国家常经典
小甜点

法国
鲜奶油泡芙

● 法国北部 皮卡第

最早、最传统的圆形泡芙的夹层用的就是法式香缇。法式香缇的发明者是弗朗索瓦·瓦特尔，他以用生奶油和一种香草味的植物（也就是我们现在说的香草荚）制作出甜奶油而闻名。在 1671 年的某天，香缇城堡的王子路易二世举办宴会，招待路易十四与两千多位宾客，弗朗索瓦·瓦特尔当时是城堡的厨师，在准备这个奢侈的宴会时发明了甜奶油，也因此而成名。甜奶油就是以香缇城堡的名字被命名为香缇。弗朗索瓦·瓦特尔也曾经为路易十四的财政大臣尼古拉斯·富凯服务，在服务于香缇城堡之前，他早就是一位具有知名度的大厨了。

> 全家老小，包括我的狗狗拉奇都爱法式香缇那香甜的奶油，以及奶油中香草籽那淡淡的而又优雅迷人的香气。

食材（约 8 个中型泡芙）

面粉 35 克、鸡蛋 1 个、水 50 克、糖半茶匙、黄油 20 克、海盐少许

法式香草香缇

液态鲜奶油 200 克、糖霜（或细砂糖）30 克、香草荚 3/4 根

制作

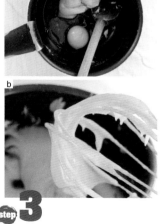

step 1

将水、黄油、糖和海盐放入锅里煮开。

step 2

煮开后向锅里放入面粉，用木匙快速搅拌，使面粉吸收黄油和水变成面糊状。

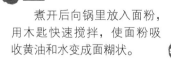

step 3

离火，加入鸡蛋，用手动打蛋器将面糊和鸡蛋混合均匀。

step 4

烤箱以 180℃ 预热 10 分钟。

step 6

放入烤箱烤 20 分钟，待泡芙上色后就可以出烤箱了。将泡芙放凉备用。

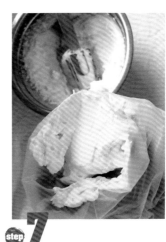

step 7

在盆里放入液态鲜奶油、糖霜和香草籽（香草荚剖半，用刀尖刮出香草籽放入锅内），用电动打蛋器打发（请参照第 11 页的做法）。将打发好的香缇装进挤花袋里。

step 5

在烤盘上涂上少许黄油，将面糊装进挤花袋里挤到烤盘上。挤面糊时要有一定的间距，不然烤的时候泡芙会全粘在一起。

step 8

泡芙横切成两半，将法式香缇挤在一半泡芙上，再盖上另一半泡芙。将所有的泡芙都挤上法式香缇，再撒上少许糖粉作装饰，之后便可以享用了！

Helpful Tips
亮亮的小建议

可以在做好的法国鲜奶油泡芙上淋上热巧克力酱，这种吃法还挺受大家欢迎的。或者淋上凉凉的英式香草酱，喜欢冰激凌的话也可以用冰激凌代替法式香缇。夏天在法国餐馆用完餐后，我都会非常渴望来一份内层夹着一勺冰激凌，外层淋有巧克力酱的泡芙。

黑李蛋糕

● 法国北部 加来海峡省

> 7月，正好是黑李的收获时节。一到下午，大家都会爬上黑李树，一边采李，一边吃。晚饭时，我会拿竹篮里的黑李来做奶香和蛋香浓郁的黑李蛋糕。

7 月的法国北部，正值采收又甜又多汁的黑李的时节。黑李树跟苹果树、橄榄树一样，都种植在每个家庭的前庭院里。水果收获季节，家家户户搬着梯子往树上爬，树下的人就忙碌地搬运采收的黑李。黑李产量很多的时候，每个家庭都会先拿一部分黑李来制作私房果酱。

阿公有一位朋友杰哈，去年我们一起在阿公家的庭院采收黑李时，我曾向他询问他家是如何制作黑李果酱的，他怎么都不肯正面回答我。几天后，他来到我家问我黑李果酱有没有做，是怎么做的，我很大方地跟他分享我的做法。看来，每个家庭都很注意保护自家的私房食谱秘方，包括黑李蛋糕的做法。既然盛产黑李，黑李蛋糕就是法国北部家庭里制作甜点的首选。法国北部的天气较冷，因而那里的人们无论是做家常菜还是做甜点，都会充分运用黄油，以增加身体的热量。长久以来，法国北部的黄油食用量超过法国南部和中部，黄油用量大也成为法国北部许多家常菜和甜点的一大特色。

食材（约 6 人份）

　　黑李 6 个（约 500 克）、面粉 125 克、细砂糖 90 克、牛奶 45 克、橄榄油 45 克、鸡蛋 3 个、无铝泡打粉 1 茶匙、黄油 80 克

制作

step 1 　将黑李对切，去核。

a

b

step 2 　在盆里放入面粉、60 克细砂糖、无铝泡打粉、牛奶、橄榄油和 2 个鸡蛋，搅拌均匀。

step 3 　将黑李带皮的一面朝上，果肉朝下，放入烤模中，倒入刚刚搅拌均匀的面糊。

step 4 　烤箱以 180℃预热 10 分钟，烤 20 分钟。（请放在烤箱最上面一层烤）

step 5 　将黄油融化，把 1 个鸡蛋打匀成蛋液后加入到融化的黄油中，再加入剩下的细砂糖，搅拌均匀，备用。

step 6 　从烤箱中取出黑李蛋糕，淋上搅拌均匀的黄油蛋液，再放入烤箱烤 15 分钟。

step 7 　从烤箱中取出黑李蛋糕，冷却后就可以切片享用了。

熔岩
巧克力

法国巴黎

没有任何一件事，能比享受法式熔岩巧克力还要令人开心……

熔岩巧克力在很早以前就出现在法国家庭的餐桌上了。最初，它并没有受到喜爱甜点的法国人的青睐。后来，一位法国大厨用它来宴客，才让这道灰姑娘般的熔岩巧克力开始变得有名。

从一诞生就不被大众接受的熔岩巧克力，在大厨米歇尔·布拉斯的精心改良下，经过约两年的时间终于完美地呈现在大家面前。其最早的做法是用饼干碎来制作派皮，内馅则是用甘纳许巧克力酱。直到 1981 年，也正是熔岩巧克力获得新生的时候，这个时候的熔岩巧克力已经被改良得非常容易制作了，制作时主要需要两个饼干派皮，以及两种不同的烤制温度。现在，制作熔岩巧克力只需要一种派皮且内馅使用非常浓郁的巧克力酱。当然，还有更简单、更完美的做法，但关键都在于温度。熔岩巧克力千万不能使用普通温度来烤制，要用高温烤制才会流出如岩浆般的巧克力酱。如果你第一次制作失败了，千万别灰心，要坚持做下去，你终会获得美好的结果，并且这个结果会给你带来满心的欢喜。

食材（约 4 人份）

巧克力 100 克、面粉 100 克、黄油 80 克、细砂糖 50 克、鸡蛋 2 个、蛋黄 2 个

制作

step 1

将巧克力敲碎后和黄油一起放入盆里，另外准备一个比盆还要大的锅，加入少许水。将放有黄油和巧克力的盆放入，用隔水加热的方式融化黄油和巧克力。

step 2

准备另一个盆，放入鸡蛋、蛋黄和细砂糖，使用手动打蛋器搅打至鸡蛋和糖混合均匀且呈浅黄色，备用。

step 3

将装有融化的黄油和巧克力的盆从锅中取出，稍冷却。之后，将蛋糖液倒入融化的黄油和巧克力里，请务必一边搅拌一边倒入。

step 4

加入过筛后的面粉，搅拌均匀，要将面粉完全拌入巧克力糊里。

step 5

在烤模底部和四周涂上黄油，并撒上少许可可粉（未在食材中列出），以便小蛋糕脱模。倒入搅拌好的面糊，约八分满即可。

step 6

烤箱以200℃预热10分钟，将巧克力面糊放入烤箱烤10分钟。

step 7

从烤箱中取出后，用刀尖小心地将蛋糕和烤模划开，再倒扣在盘子上。

step 8

享用时，可以淋上英式香草酱，再放上一勺香草冰激凌或几个核桃仁一起享用。

Helpful Tips
亮亮的小建议

1. 巧克力的选择：使用可可固形物含量70%以上的巧克力来制作会更好。

2. 在第3步，可用你的手触摸盆底来检测融化的黄油和巧克力的温度，如果你的手可以承受盆底的热度，那就可以将蛋糖液加入盆中。

3. 熔岩巧克力做好后，如果你没有事先准备英式香草酱或冰激凌，也可以撒上糖粉或可可粉，这样成品会更完整，也更具有美感。

● 法国巴黎

倒扣焦糖布丁，也有人称作鸡蛋布丁或焦糖鸡蛋布丁，是一种将鸡蛋、细砂糖、牛奶和香草荚混合后烤制出的顺滑的内馅体。牛奶蛋糖馅儿里没有太多的糖分，若是不喜欢吃太甜，可以再缩减糖分，只要保留焦糖的甜度就好。享用时，最好是用汤匙一口气舀起焦糖和布丁体，焦糖的甜度会与不太甜的布丁体混合达到食用的甜味平衡。制作这道甜点时，通常会使用普通的细白砂糖。细白砂糖比赤砂糖甜度高，但是赤砂糖却比较有蔗糖香气，如果喜欢焦香气味重一点的，不妨将细白砂糖更换成赤砂糖！

　　倒扣焦糖布丁是一道法国家家户户都会做的甜点，虽然各家的食谱有许多不同之处，但最终都吃得出每个家庭对家中孩子们满满的爱。法国主妇们喜欢将倒扣焦糖布丁装在大的烤模里，这样烤好后就不用倒扣了！大家围着餐桌拿着汤匙抢着挖来吃，是不是很有欢乐的家庭气氛呢！

　　下午，跟着阿嬷走到母鸡下蛋的专属小房子里，捡起温温的、外壳粘满稻草与粪土的鸡蛋，趁着鸡蛋新鲜，阿嬷想着如何用这些新鲜的鸡蛋做甜点给一会儿回家的小孙子吃……

食材（约 4 人份）

　　鸡蛋 3 个、蛋黄 1 个、全脂牛奶 500 克、香草荚半根、细砂糖 100 克

焦糖

　　细砂糖 100 克、水 1 汤匙

 制作 ....

　　制作焦糖：准备一个锅，放入细砂糖和水，用小火慢慢将细砂糖煮化，待转成焦糖色后离火，将糖浆倒入布丁杯里，冷却，备用。

　　另取一个锅，放入牛奶，香草荚对切后用刀尖将香草籽刮出来，连同香草荚的外皮一同放入牛奶锅内，用小火煮沸，煮到靠近锅边的牛奶起泡泡就可以离火了。

　　盆里放入鸡蛋、蛋黄和细砂糖，使用手动打蛋器将蛋和细砂糖搅拌均匀。

step 6

烤箱以180℃预热10分钟。将冷却后的牛奶蛋液倒入事先已倒入糖浆的布丁杯里，牛奶蛋液只要倒入八分满即可。

step 4

将煮沸的香草牛奶倒入蛋糖液里搅拌均匀。

step 5

将混合好的牛奶蛋液用筛子过滤后，取出香草荚外皮，冷却，备用。

step 7

准备一个烤盘，将布丁杯放入烤盘里，在烤盘里再加入温水至布丁杯一半高度的位置，将烤盘放入烤箱中烤30分钟。从烤箱中取出，待冷却后用刀尖沿着布丁杯内壁划一圈，将布丁杯倒扣在盘子上，再用自己喜欢的水果稍加装饰即可。

● 法国东南部 罗讷 – 阿尔卑斯

下雨天，空气里弥漫着淡淡的肉桂香，优雅的朗姆酒，热热的焦糖和苹果果肉混合在一起入口……这个香气真适合下雨天，有着温暖而又幸福的味道。焦糖烤苹果是非常简单却又好吃的家常甜点。想要这道甜品好吃，制作时最好选择加拿大品种的斑皮苹果，也就是外皮有些黄色斑点或斑纹的苹果。在苹果外皮上我们可以看到很多咖啡色和灰色的斑点，这样的苹果有足够的苹果香气，果肉也紧实。果肉紧实的苹果最适合与焦糖结合，也最能展现出这道甜点的风味。

食材（约 2 人份）

苹果 2 个、黄油 15 克、赤砂糖 25 克、肉桂粉半茶匙

焦糖

糖 50 克、水 1 汤匙、黄油 23 克、朗姆酒 1 茶匙

step 1

苹果洗净擦干后，以横切的方式切掉苹果盖头，用小汤匙将苹果核挖掉。（请小心，要保持苹果外观完整。）

step 3

烤箱以150℃预热10分钟。在苹果上撒上肉桂粉，烤25分钟。

step 5

在糖浆变成焦糖色时，加入黄油和朗姆酒。

step 4

制作焦糖：将糖和水放入锅里，加热使糖溶化。

step 6

将焦糖淋在苹果上，再放入烤箱烤2~3分钟，让苹果上色。

step 2

将黄油和赤砂糖放入挖空的苹果里，盖上苹果盖头。

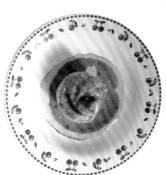

step 7

可以趁热享用，也可冷却后再食用。

Helpful Tips
亮亮的小建议

1. 挖空的苹果里也可以放一些葡萄干或核桃仁一起烤。

2. 朗姆酒可以换成白兰地，如果喜欢浓一点的酒香味，可以在最后从烤箱中取出苹果的时候趁热淋上白兰地酒，淋酒的烤苹果很适合在冬天享用。夏天，人们喜欢吃凉的，从烤箱取出苹果后等苹果凉一些，可以在苹果上放上一勺香草冰激凌或法式香缇，这种做法也很受小朋友们的欢迎。

食材（约 4 人份）

　　梨 4 个、葡萄干 75 克、核桃仁 75 克、蜂蜜 3 汤匙、甜白酒 1 杯、黄油 30 克

甜白酒
蜂蜜烤梨

● **法国南部** 普罗旺斯－阿尔卑斯－蓝色海岸

　　晚餐后，到后院采摘新鲜的梨作为当天的餐后水果，也可将梨做成美味的餐后甜点，这是法国乡村生活里的小幸福。

如果条件允许，在做烤梨时最好使用一种专门用于制作果酱的西洋梨品种"秋梨"，法文为 martin-sec。小小的秋梨，表皮有着特殊的香气，极似我国台湾省的砂梨或三湾梨（一般称为大梨或粗梨）的外皮颜色。秋梨的产地大多在法国与瑞士交界处的山区。这种梨不太大，一个人应该可以吃掉两个，它的果皮稍厚且有着特殊的香气，而且这种梨在烤过之后果肉会有融化在嘴里的美妙口感。

制作

step 1

烤箱以170℃预热10分钟。

step 2

将梨洗净并擦干表皮水分,去掉梨外皮,切开梨帽(梨带梗的顶端部位)。

step 3

用汤匙将梨核和一部分果肉挖掉,千万不要挖破,也不要挖见底!

step 4

在盆里放入葡萄干、核桃仁,并加入蜂蜜搅拌均匀。

a

b

step 5

将搅拌好的葡萄干和核桃仁填入梨内,盖上梨帽,在梨帽上放一小块黄油。

step 6

在烤盘里抹上黄油,倒入甜白酒,放入已填好干果的梨,放入烤箱烤约20分钟。

step 7

在烤的过程中,偶尔打开烤箱,将烤盘里的甜白酒舀起来淋在梨上,让梨始终保持湿润并带有酒香味。

step 8

从烤箱中取出,装盘后淋上些许烤盘内的甜白酒即可。

肉桂甜橙果泥

● 法国东南部 普罗旺斯 – 阿尔卑斯 – 蓝色海岸

夏天，法国南部有着耀眼的阳光与可口的果实。我有一个关于果泥的故事，好像是在某本法文书中读到的，有这么一段关于苹果果泥的话：

"某天早上，我躺在其中一部分的灌木丛里，我喜欢露出上身并将它晒成均匀的颜色，突然发现有一堆苹果隐藏在这灌木丛里，都被我压碎了，我的下巴还有轻微的擦伤。"

在欧洲，制作果泥或果糊的方法很相似，都是在煮沸的糖水中加入水果果肉和果汁。果泥是将水果切大块煮，煮到既可以看到果块又可以看到一些果泥的状态。果糊就是将水果果肉煮到几乎变成糊状，很多家庭会用果糊来喂养小婴儿，也会将果糊给小朋友作为零食来享用。给小朋友食用时，一定要斟酌糖的分量。

食材（约 2 人份）

甜橙 800 克、细砂糖 250 克、肉桂棒 2 根、水 100 克

 制作

step 3

在锅里放入细砂糖和水，待煮沸后放入甜橙果肉、肉桂棒和碗里剩下的甜橙果汁。

step 1

甜橙洗净，擦干水后放在切菜板上，先切掉甜橙头，接着将甜橙皮和果肉外的白膜部分一起切掉，多少会切到一些果肉，没关系的。

step 2

将甜橙的果肉切块，放在碗里。切果肉时要去掉果肉外包裹的白膜。

step 4

用中小火煮约 30 分钟即可，待冷却后享用。

Helpful Tips
亮亮的小建议

1. 肉桂棒可以换成肉桂粉或八角，具体用法与肉桂棒相同。

2. 你也可以不放肉桂或八角，完成后将新鲜的莳萝叶（茴香）切碎撒上，黄黄绿绿的色泽很有法国东南部特色，口感也很特别！

3. 若是给小婴儿当辅食享用，只要在水沸后放入甜橙煮即可，不用放入细砂糖和肉桂棒。

4. 煎鸡肉、猪肉排时，可以拿甜橙果泥来做腌渍肉品的酱料，或做成肉排的淋酱，甜橙味与肉排很搭，也十分解油腻。

● 法国南部
朗格多克－鲁西永

朗格多克－鲁西永是法国南部的一个大区，南邻西班牙与地中海。

加泰隆尼亚烤焦糖奶黄酱是将奶黄酱煮熟后制成的，类似法国的奶黄酱。但是，这个酱更加浓稠，口感比法国奶黄酱还要更清爽，而且酱中有着肉桂与柠檬的香气。在制作这个酱时要使用传统的咖啡色粗陶土烤盘，并且焦糖要放在奶黄酱上方。

> 下午阳光的颜色，跟烤焦糖奶黄酱一样，金黄色的奶霜，温暖又甜美。
>
> 一向喜欢牛奶蛋液的狗狗拉奇忍不住偷偷地舔了好几口……

加泰隆尼亚烤焦糖奶黄酱

食材（约 2 人份）

牛奶 250 克、肉桂棒 1 根、玉米粉 16 克、蛋黄 3 个、糖 50 克、柠檬皮碎少许、赤砂糖（或糖霜）少许

制作

a

b

step 1

倒出一杯牛奶，加入玉米粉并搅拌均匀，备用。

step 3

在锅里倒入剩下的牛奶，加入肉桂棒和柠檬皮碎，用小火加热，不要煮沸。

step 4

将加热的牛奶慢慢倒入刚刚搅拌均匀的蛋糖液里，边倒入边搅拌。

step 6

将煮到变浓稠的牛奶蛋液倒入烤盘，冷却。

step 7

要享用前，撒上少许赤砂糖（或糖霜），用喷火枪将糖烧成焦糖状。

step 2

在盆里放入蛋黄和糖，搅拌至略呈淡白色。

step 5

将牛奶蛋液倒回锅里，加入牛奶玉米粉混合液，捞出肉桂棒，用小火煮3~5分钟，直到牛奶蛋液变浓稠。小心不要焦锅。

Helpful Tips
亮亮的小建议

1. 在第5步煮牛奶蛋液时，很容易焦锅，建议一边煮一边使用木匙或手动打蛋器搅拌，防止锅底的牛奶蛋液焦掉。

2. 这道甜点跟烤布蕾（一种经典的法国甜点）有点不同。在西班牙，制作这道甜点时不需要将糖喷焦，冷却后就可以直接享用。因此，你也可以这样做。

● 法国西北部 诺曼底

在 路易十七时期，国王的总监长带着香料和米来到法国的诺曼底地区，那时该区的昂日地区正闹饥荒。

糖烤牛奶米布丁是将米放在牛奶里煮熟后用来果腹的一种米饭食物。刚开始学习用牛奶来煮米饭的昂日地区的居民们实在太饿了，饿到还没等到米饭煮熟，就将火炉里用土碗装着的还在烤的牛奶米饭拿出来，却发现米饭上层一片焦黑，可能是糖与牛奶长时间一起煮的缘故，牛奶米饭表层的某些部分竟带有金黄的色泽，犹如路易十六时期凡尔赛官被放火烧尽后的景象。因此，这道米饭有了另一个名称"Tordre la goule"，中文说法是"歪扭岩石"。"La goule"有"吸血鬼"之意，或许可以说是当时饥饿的人们用一种谐音取名的方式来讥讽当时执政的国王与王后（是否意指路易十六和玛丽·安东尼特王后为吸血鬼，这就不得而知了）。无论如何，这种米饭食物的出现，对当时正忍受饥饿的人们而言是最好的。

食材（约 3 人份）

圆米 100 克 、牛奶 500 克、
糖 50 克 、香草荚 1 根

制作

step 1

准备一个锅，放入圆米和
水，煮沸 1 分钟后捞出圆米，
沥干水分。

step 2

在另一个锅里放入牛奶和
糖，并将香草荚对切，用刀尖
将香草籽刮出，与香草荚外皮
一起放入牛奶锅里煮。

step 3

香草牛奶煮沸后，将香草
荚取出，放入刚刚煮过的圆
米，用小火煮约 30 分钟。

step 4

煮的过程中要不断地搅拌。

step 5

将煮好的牛奶圆米倒入布
丁杯里，放入烤箱以 160℃烤
30 分钟，待牛奶米布丁上色
即可。

step 6

从烤箱中取出后，可以趁
热享用，也可以冷却后再吃！

●法国西南部 阿基坦

> 生活中的小幸福，是捧着一盘阿嬷做的甜点，在天气好的时候与家人肩并肩地坐在摇椅上，吃着阿嬷的家常甜点聊天谈笑，享受简单、朴实而又美好的乡村生活。

糖烤牛奶炖蛋主要使用鸡蛋、牛奶和糖，与倒扣焦糖布丁十分相似，但是没有倒扣焦糖布丁那么顺滑，主要差别在于牛奶蛋液的部分。糖烤牛奶炖蛋是将糖放在牛奶蛋液上方烤，倒扣焦糖布丁是将糖煮成焦糖后放在烤模底层烤，而牛奶蛋液在上层。

从地理位置上看，阿基坦是最靠近葡萄牙的法国大区。葡萄牙有个大家熟知的著名的甜点，就是葡萄牙蛋派（亚洲称为葡式蛋挞）。葡式蛋挞的内馅口感跟阿基坦的糖烤牛奶炖蛋十分接近，而阿基坦的糖烤牛奶炖蛋又增加了香草籽的香气，因此，吃起来可能会比葡式蛋挞的牛奶蛋液内馅更香一些，有兴趣的朋友可以比较一下。

食材（约2人份）

细砂糖 75 克（另加 1 汤匙作装饰烤糖用）、牛奶 500 克、香草糖 1 包 、鸡蛋 3 个

 制作

step 1

在锅里放入牛奶、细砂糖和香草糖一起煮沸。

step 2

准备一个盆，将鸡蛋磕入盆里打散。

step 3

将煮沸过的香草牛奶倒入蛋液里，快速搅拌均匀。

step 4

将搅拌均匀的牛奶蛋液过筛，再将泡泡捞起。

step 5

将牛奶蛋液倒入烤模里，烤箱以 200℃预热 10 分钟，烤 25 分钟后取出，撒上 1 汤匙细砂糖，再烤 5 分钟即可。

step 6

冷却后即可享用。

Helpful Tips
亮亮的小建议

1. 如果你是使用较浅的烤模，烤 20~25 分钟即可。

2. 如果没有香草糖，可用 3/4 根香草荚来代替。

3. 你也可以将牛奶蛋液分装在布丁杯里再放入烤箱烤，烤完后包装一下，就可以让小朋友带去学校享用。糖烤牛奶炖蛋是方便、营养又健康的家常甜点。

● 法国东北部 洛林

咕咕霍夫蛋糕的出现在法国食品历史上具有重要意义。在波兰、德国和奥地利等几个国家都不难找到这种用事先发酵的面团做成的蛋糕。咕咕霍夫蛋糕最古老、最传统的做法是用啤酒花提炼出来的啤酒酵母来制作发酵面团，并将制作好的面团放置在中间有凹槽且上了釉彩的砂土陶模里，陶模的形状像皇冠一样，这样烤出来就会是皇冠状的蛋糕。这种蛋糕最早于18世纪时出现在邻近德国的洛林区，该区的甜点在中世纪时期就享有盛名。国王路易十五当时封给他的波兰岳父拥有洛林及巴尔公国的君权，由于岳父年纪已大，所剩的时间不多，因此岳父便将剩下的岁月全部用在享受美食上面。咕咕霍夫这种发酵面团做成的蛋糕在中世纪时大多出现在婚礼上，正由于路易十五的岳父走遍中欧各地，享遍中欧各种美食，在他发现这款柔软而又美味的蛋糕后，便将它带回了法国洛林。某次，他的厨师为他制作了这款蛋糕，并配上一杯上好的葡萄酒与蛋糕一起品尝，让他为此开心了许久。之后，凡尔赛宫里也跟着制作这款蛋糕，玛丽·安东尼特王后的早餐再也不曾缺少这款美味的甜点。咕咕霍夫蛋糕的食谱于1840年由一个甜点师傅从斯特拉斯堡带到巴黎，这段历史被记载于史学家皮埃尔·拉康的《法国甜点备忘录》里，这个师傅还在巴黎开了第一家卖咕咕霍夫蛋糕的店。

咕咕霍夫蛋糕食材（250~300 克的蛋糕分量）

面粉 300 克、牛奶 150 克、鸡蛋 1 个、糖 40 克、海盐 5 克、黄油 65 克、葡萄干 15 克、朗姆酒 2 汤匙、杏仁 15 颗

老面种食材（约 1 个 300 克咕咕霍夫蛋糕用量）

面粉 50 克、新鲜酵母菌 10 克、水 30 克

制作 ᐧ

制作老面种：将面粉、新鲜酵母菌放入一个碗里，加入水搅拌均匀，置于室温下发酵 1 小时备用。

step 2

在等待老面种发酵时，将葡萄干放入另一个碗里，再倒入朗姆酒，备用。

step 3

准备一个盆，放入已经发酵好的老面种，再放入鸡蛋、糖和海盐搅拌均匀，一边搅拌一边慢慢地加入面粉，待面粉变得有点干燥且不太搅得动时加入牛奶。将面糊和牛奶搅拌均匀，可以使用手动打蛋器辅助搅拌。再将剩下的面粉慢慢加入，搅拌均匀，这时候的面糊会变成面团状。

 step **9**

烤箱以 180℃ 预热 10 分钟，烤 30~40 分钟。

step **10**

从烤箱中取出，冷却后脱模再撒上糖粉（未在食材中列出），就可以马上切片享用了。

step **4**

将黄油切成小块，慢慢放入盆里，与面团混合，可以用手来搅拌。加入黄油后，面团会变得比较湿黏，偶尔手上撒点干面粉再继续揉至黄油与面团混合均匀。

step **7**

在烤模上涂上黄油，烤模底层放上杏仁。

step **8**

将面团慢慢地放入烤模里。

step **5**

面团与黄油混合后，加入葡萄干。若喜欢酒香味，可以将泡过的葡萄干和朗姆酒一并倒入面团里，揉至面团均匀。

Helpful Tips

亮亮的小建议

1. 这种蛋糕一次可以多做几个放进冰箱冷冻室中保存，要吃的时候将蛋糕拿出来解冻 40~50 分钟就能享用，不用再回温烤过。

2. 在加入黄油的时候，建议将黄油切成小块，这样比较容易搅拌。

3. 在面团与黄油混合的时候，面团会比较湿黏，建议在手上撒上干面粉后再揉面团，这样就不会黏手。黄油一定要充分融合到面团里，这样烤出来的蛋糕才会好吃！

4. 烤的过程中如果上色太快，可以放上一张烘焙纸以减缓上色的速度。

5. 如果你不想制作老面种，可以用 20 克的干酵母代替，但是老面种制作出来的蛋糕口感会更好。

step **6**

室温下放置 1 小时，1 小时后面团会膨胀变大。

黑巧克力慕斯

● **法国**

　　餐后，拉一张椅子，找个靠近壁炉的位置坐下，一边取暖，一边吃着刚从冰箱里取出来的阿嬷下午做的黑巧克力慕斯，这是秋天晚餐后的小小幸福。黑巧克力慕斯是很多人没有勇气制作的一道法式家常甜点。不是它不好吃，相反，是它真的太过美味了，那诱人的香气刺激你的嗅觉和味觉，好担心控制不住自己的嘴。但是，这真的是一道你绝对不能错过的简单、美味的法式家常小甜点！

食材（约2人份）

鸡蛋2个、海盐少许、细砂糖2汤匙、黑巧克力100克、黄油25克

step 1

将蛋白和蛋黄分开。

step 2

在蛋白中加入少许海盐，用电动打蛋器打成蛋白霜，放入冰箱冷藏，备用。

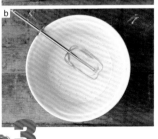

step 3

将蛋黄和细砂糖搅打至呈淡黄色。

a

b

step 4

在锅中加入水，放到火上。另取一个盆，放入敲碎的黑巧克力，加入少许水，用隔水加热的方式将黑巧克力融化。待黑巧克力融化后，离火，加入切块的黄油搅拌均匀。

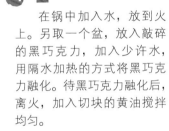

step 5

将蛋糖液加入搅拌好的黄油和黑巧克力中，再次慢慢地将它们搅拌均匀。

step 6

从冰箱里拿出刚才打发的蛋白霜，加入上一步中搅拌均匀的混合液里，搅拌至完全看不到蛋白霜。

step 7

将混合物倒入杯子里，放入冰箱冷藏至少3小时再享用。

● 法国

以　前，许多法国家庭会经常将煎奶油焦糖苹果放在面包上享用，面包会自然地吸收奶油焦糖苹果的汤汁，香浓的奶油香气与苹果果汁融合在一起，如此美味的酱汁让许多贪好美食的"吃货"爱不释手。法国吐司烤苹果的食谱来自煎奶油焦糖苹果，虽然法国吐司烤苹果的奶油没有煎奶油焦糖苹果那么厚重，但也保有奶油和焦糖香，而直接烤过的苹果，更具有苹果的美味。

假日的早晨，就是要睡到自然醒，起床后，吃着美味百分百的法国吐司烤苹果，再喝上一杯热热的咖啡，假日就是要慢慢地享受这美好的一切……

食材（约 4 人份）

小苹果 4 个、乡村面包或奶油面包 4 片、鸡蛋 2 个、香草冰激凌 4 勺、开心果仁 50 克、牛奶 1 杯

糖浆

糖 125 克、黄油 125 克、苹果酒 1 杯

制作

step 1

在锅里放入糖和黄油，用小火煮至融化，趁热加入苹果酒，用小火慢慢煮至糖浆变稠，冷却，备用。

step 3

在烤苹果的同时，准备一个平底锅，加热，放一点点黄油进去。将牛奶和鸡蛋放在一个沙拉碗里打散，之后放入面包，蘸上牛奶蛋液，放入平底锅里用中小火煎至上色。

step 5

将烤好的苹果放在热面包片上面，挖取香草冰激凌填入苹果中，撒上些许开心果仁，盖上苹果头，淋上苹果酒糖浆，再撒上一些开心果仁装饰。

step 2

苹果洗净后，将苹果头水平切开，去掉苹果的核，将苹果放入烤箱以180℃烤20分钟。

step 4

翻面煎至上色，将面包取出放在盘中。

Helpful Tips 亮亮的小建议

1. 法国吐司最好选用比较干硬的面包。比较干硬的面包在牛奶蛋液里浸泡的时间要比一般的面包久一些，这是为了让牛奶蛋液浸入面包内层，使原本硬硬的面包变得更加柔软。

2. 挖苹果时，可以用喝茶的汤匙挖出苹果核，但千万别将苹果底层和四周挖破。

3. 苹果酒糖浆可以在前一天先制作好，可一次多制作一些，放入冰箱冷藏，食用时建议淋在冰激凌或酸奶上。

甜橙
巧克力慕斯

● 法国

老 一辈的法国人非常喜欢在做巧克力慕斯时加些香味进去，甜橙味就是其中一种水果香味，也是大家都能够接受的水果口味。制作巧克力慕斯时，若能够加入甜橙果肉，那就更加完美了！ 选择巧克力的时候，建议选用有核仁果碎的巧克力，也可以选用黑巧克力。可以的话，将朗姆酒换成白兰地也会有很不错的酒香口感。有酒香的巧克力慕斯是适合冬天的甜点，若不喜欢酒香味，不妨将朗姆酒换成甜橙糖浆或其他水果糖浆，更适合小朋友享用。

> 有凉意的夜晚，饮一小杯从葡萄牙带回的白兰地，再品尝一口甜橙巧克力慕斯，真是舒适的秋夜……

食材（约 4 人份）

　　甜橙 1 个、黑巧克力 125 克、黄油 30 克、蜂蜜 2 汤匙、朗姆酒 1 汤匙、霜状鲜奶油 125 克、甜橙皮碎少许

 制作

step 1

甜橙去皮、去籽，果肉切块。

step 2

将黑巧克力、朗姆酒、蜂蜜和黄油放入锅里，用小火将黑巧克力和黄油加热至融化。

step 3

在锅中放入 100 克霜状鲜奶油和甜橙块，搅拌均匀后离火。

step 4

将混合液装入杯子里，放入冰箱冷藏至少 3 小时。从冰箱取出享用前，放上 25 克霜状鲜奶油和少许甜橙皮碎作装饰即可。

Part 5

法国家常
咸 / 甜蛋糕

甜橙蛋糕

这是阿嬷的拿手蛋糕之一，以前我在亚洲吃到的蛋糕大多偏干，品尝蛋糕时需要不断地喝水来改善蛋糕让嘴巴干渴的情况。阿嬷的这个甜橙蛋糕的蛋糕体比较湿润，再加上使用新鲜的甜橙汁制作，吃起来会有喝到新鲜甜橙汁的感觉。湿润的蛋糕即使一次吃不完放在冰箱里，也不会因为放置时间过久而造成蛋糕体太干。

一次性买了太多柑橘类水果，吃不完怎么办？来试着做简单、美味的甜橙蛋糕吧！只要 30 分钟就能完成！

食材

甜橙 2 个、柠檬 1 个、鸡蛋 2 个、融化的黄油 115 克、糖粉 165 克、面粉 115 克、泡打粉 11.5 克

制作

step 1
刨出甜橙皮碎和柠檬皮碎。

step 3
加入过筛的面粉和泡打粉。加入甜橙皮碎和少许柠檬皮碎，并将甜橙汁挤入面糊里。

step 5
制作甜橙糖浆：将半个甜橙榨成汁，再和剩下的50克糖粉一起煮成糖浆。

step 2
将融化的黄油、115克糖粉和鸡蛋混合，并搅拌均匀。

step 4
烤箱以200℃预热10分钟。在烤模上涂上少许黄油，再撒上一些面粉，以便烤好后脱模。将刚才搅拌均匀的面糊倒入烤模里，放入烤箱烤20分钟。

step 6
在烤好的蛋糕上淋上甜橙糖浆即可。

Helpful Tips
亮亮的小建议

1. 甜橙糖浆煮好后冷却，从烤箱中取出烤好的蛋糕后要马上淋上糖浆，这样蛋糕才会像市售蛋糕那样表层有光泽。

2. 吃不完的蛋糕放入冰箱冷藏，可以放一周，请尽量先装入保鲜盒里再放入冰箱冷藏。

3. 想要将甜橙蛋糕送人时，建议将面糊倒入纸模烤杯里烤，表层除了可以涂上甜橙糖浆外，也可以挤上法式香缇（做法参见第11页），最后放入蛋糕盒里，送人时很漂亮哦！

胡萝卜葡萄干果仁蛋糕

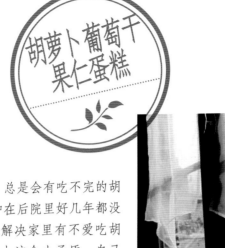

每年菜园里的胡萝卜收获时，总是会有吃不完的胡萝卜。有一年，刚好遇到种在后院里好几年都没有结果的核桃结了果，阿嬷为了解决家里有不爱吃胡萝卜的小朋友却有吃不完的胡萝卜这个小矛盾，自己试做了好多次不同版本的胡萝卜核桃蛋糕，才终于找到能让孙子们将蛋糕全吃光且直说好吃的做法。此后，每年夏天胡萝卜收获时，便是这些小朋友们期待再度品尝自家种的胡萝卜做成蛋糕的时候。

想起阿嬷在厨房里削着胡萝卜皮，转身对身后的一群吵闹的小毛头们笑着说："快了，再等等，好吃的蛋糕快做好了。"简单的一句话，却看到幸福洋溢在阿嬷的脸上。

主食材（约10人份）

食用葵花籽油175克、赤砂糖175克、鸡蛋2个、葡萄干85克、胡萝卜丝175克、杏仁或核桃仁55克、面粉175克、食用小苏打1茶匙、肉豆蔻粉1茶匙、甜橙丝少许、小根胡萝卜2~3根

法式甜橙香缇

鲜奶油150克、糖霜70克、甜橙汁2汤匙

step 1

准备一个盆，放入食用葵花籽油、赤砂糖和鸡蛋搅拌均匀，再放入胡萝卜丝、葡萄干、果仁和甜橙丝。

step 2

将面粉、食用小苏打、肉豆蔻粉过筛之后加入盆中，搅拌成均匀的面糊。

step 3

在烤模上涂上少许黄油，放上一张烘焙纸，倒入面糊。烤箱以 180℃预热 10 分钟，放入面糊烤 40~45 分钟。

step 4

准备一锅水，将小根胡萝卜煮熟后沥干水分，备用。

step 5

用烤箱烤蛋糕时，准备制作法式甜橙香缇。准备一个盆，放入鲜奶油、糖霜和甜橙汁，用电动打蛋器打至鲜奶油变成霜状即可（做法可参考第 11页）。

step 6

从烤箱里取出烤好的胡萝卜蛋糕，冷却后涂上刚刚打好的法式甜橙香缇，再放上小根胡萝卜和甜橙丝即可。

Helpful Tips
亮亮的小建议

1. 如果不用烤模来烤蛋糕，可以考虑在纸模烤杯里放入一张烘焙纸，倒入面糊后放入烤箱烤，之后涂上香缇，撒上甜橙丝即可。可以一次在蛋糕盒里放两三个纸杯蛋糕，送人很漂亮也很大方！

2. 食用小苏打可以用无铝泡打粉来代替。

3. 喜欢黑糖的朋友，可以将赤砂糖用黑糖来代替，口感更香，甜度也低。

4. 肉豆蔻可以到中药房购买，整颗的比较香也比较便宜，买回家再磨一磨，出粉即可。也可到有卖进口商品的超市买整罐的肉豆蔻粉，但是比较贵。

维多利亚
戚风蛋糕

欧洲大多数的家庭都会做维多利亚戚风蛋糕，其主要以戚风蛋糕为蛋糕基体，再由果酱、法式香缇和草莓组合而成。

维多利亚戚风蛋糕有一个既梦幻又给人以富丽堂皇印象的名字，蛋糕里的草莓与法式香缇都是很受欧洲女性喜爱的甜点元素，因此，维多利亚戚风蛋糕又有"公主蛋糕"的称号。又因为这种蛋糕是在英国流行起来的，所以在法国便有"英国蛋糕"的称号。

> 我住的地方离英国算是相当近，搭船即可到达，也常常有英国人来法国短途旅行，维多利亚蛋糕便成为我们这一区的家常小蛋糕之一。
>
> 炙热的午后，和小朋友们采草莓去吧！

主食材（约 8 人份）

黄油 175 克、面粉 175 克、无铝泡打粉 1 茶匙、细赤砂糖 175 克、鸡蛋 3 个、草莓果酱或覆盆子果酱 3 汤匙

内馅食材

鲜奶油 300 克、糖霜 30 克、中型草莓 16 颗

制作

step 1

烤箱以 180℃ 预热 10 分钟。烤模底层与四周涂上黄油并撒上少许面粉，以便蛋糕脱膜。

step 2

面粉与无铝泡打粉一起过筛。在盆里加入黄油、细赤砂糖和鸡蛋。

step 3

用电动打蛋器将所有材料打匀成面糊。

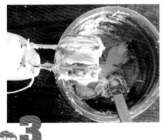

step 4

将面糊倒入烤模里，放入烤箱烤 25~30 分钟。把牙签插入蛋糕体里，若牙签干燥，表示蛋糕可以从烤箱中取出了。

step 5

取出蛋糕后，放置 5 分钟左右以冷却蛋糕，将蛋糕从中间横切成两块。

step 6

另准备一个盆，倒入鲜奶油，用电动打蛋器低速打发鲜奶油，加入糖霜后再用高速将鲜奶油和糖霜打发成霜状，即变成法式香缇。将草莓去掉绿蒂后对切。

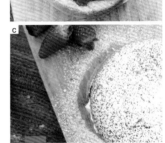

step 7

在横切后底层的那块蛋糕上涂上草莓果酱或覆盆子果酱，再涂上法式香缇，在法式香缇上摆上对切的草莓。之后盖上另外一块蛋糕，可再撒上少许糖霜作装饰，之后就可以切片享用了！

Helpful Tips 亮亮的小建议

你也可以像我们家的小朋友一样，给底层蛋糕涂上果酱后，先放上草莓，然后涂上法式香缇，再放上一层草莓，切片后也可以在蛋糕顶端放上一小勺法式香缇，再摆上一颗草莓。既然都说是"公主蛋糕"了，那就没有什么不可能的。

椰丝香蕉蛋糕

阿　嬷就像一座宝藏，总有源源不断的甜点食谱。有时候手边的材料有限，阿嬷会马上告诉我如何用现有的材料来做好吃的甜点。当然，这些甜点的做法都不是她凭空想象出来的。阿嬷说，以前她的妈妈总会做出一些好吃的甜点给家中的小孩吃，但是乡下地方不像大城市那样可以任意采买要做甜点的材料，她的妈妈就会利用家里仅有的食材做出好吃的甜点让他们享用。椰丝香蕉蛋糕，就是阿嬷的妈妈传授的私房甜点食谱里的其中一个。阿嬷说，她的妈妈是以制作咸蛋糕的原理来制作这道甜点的，原本这道蛋糕应该用霜状鲜奶油来制作，当时刚好家里没有霜状鲜奶油，就用酸奶油来代替，没想到竟一样好吃！椰丝香蕉蛋糕中香蕉的部分可以换成你喜欢的其他水果泥，这样就会成为一款可以随意变化口味的法式家常蛋糕。

食材（约2个蛋糕）

橄榄油90克、无铝泡打粉1.5茶匙、面粉250克、糖200克、椰子丝55克、鸡蛋2个、熟透的香蕉（事先捣碎）2根、酸奶油125克、香草精1茶匙

step 1

将面粉和无铝泡打粉过筛后放入盆中。

step 2

在盆中加入椰子丝和糖，稍加搅拌。

step 3

在碗里打入2个鸡蛋，一边加入橄榄油，一边搅拌，之后加入香草精和酸奶油，再次搅拌均匀。

step 4

将鸡蛋、橄榄油的混合液加入刚才已经搅拌均匀的面粉、椰子丝和糖里，搅拌均匀后加入香蕉泥，搅拌均匀即可。

a

b

step 5

在烤模上涂上少许橄榄油，在烤模底部和四周都涂上少许酸奶油，之后倒入面糊。

step 6

烤箱以180℃预热10分钟，烤1小时。

step 7

从烤箱中取出蛋糕，等蛋糕冷却后再脱烤模，就可以切片享用了。

Helpful Tips
亮亮的小建议

1. 橄榄油可以用葵花籽油来代替。

2. 酸奶油可以用法国霜状鲜奶油来代替，一样美味！

3. 香草精只要到一般的烘焙店都可以买到！有兴趣的朋友也可以自己制作，用起来会更放心。

4. 如果用新鲜的椰子丝来制作，风味会更好。若没有新鲜的椰子丝，用椰子粉或末也是可以的。

5. 如果切开蛋糕后看到蛋糕体内有点湿润，不用太担心，这是可以接受的正常情况，可能是香蕉捣得不够烂，有块状的，香蕉的块越大，蛋糕湿润的部分就越多，冷却后就好了！

浓情
巧克力酱蛋糕

浓情巧克力酱蛋糕，浓郁、甜而不腻的巧克力加上松软的蛋糕，让人实在很难拒绝它！ 相信我，吃完后，你会像我一样，不自觉地开心起来，手舞足蹈，跟着音乐摇摆你的身体……

巧克力酱蛋糕是在法国每个家庭里都超级受欢迎的甜点之一，无论是家人的生日还是法国节日，家里都会出现一个巧克力酱蛋糕，不管是大人还是小朋友，都会吃得嘴巴周围满是巧克力酱。

主食材（约 4 人份）

黄油 88 克、赤砂糖 88 克、枫糖浆或蜂蜜 1.5 汤匙、鸡蛋 2 个、杏仁粉 20 克、面粉 88 克、无铝泡打粉 3 克、海盐少许、可可粉 20 克

巧克力酱

黑巧克力 180 克、赤砂糖 28 克、黄油 180 克、保久乳 2.5 汤匙

制作 ·························

step 1

烤模涂上黄油后撒上少许可可粉，或放一张与烤模底部一样大小的烘焙纸，烤模边也贴上烘焙纸。

step 2

在盆里放入赤砂糖和鸡蛋，用电动打蛋器打至略微呈浅白色后加入杏仁粉、枫糖浆或蜂蜜，再将蛋糖液打匀。

step 3

面粉、无铝泡打粉、海盐过筛后加入蛋糖液中搅拌，再加入过筛的可可粉并搅拌均匀。

step **4**

烤箱以 180℃预热 10 分钟。将搅拌均匀的面糊倒入烤模，放入烤箱烤 30 分钟。若上色过快，可放上一张烘焙纸，防止过度上色。

step **5**

制作巧克力酱：做法参见第 13、14 页。将巧克力酱放入冰箱冷藏 1 小时，备用。

step **6**

从烤箱中取出烤好的蛋糕，冷却后横切。先在底层蛋糕上涂上巧克力酱，盖上另一层蛋糕，再在蛋糕的表面均匀地涂上巧克力酱，之后就可以切片享用了。

Helpful Tips
亮亮的小建议

1. 巧克力酱在法国甜点里会被用作蛋糕夹层或蛋糕表面装饰。我个人喜欢不是很甜的甜点，因此，在制作蛋糕和巧克力酱时，我选择用赤砂糖来代替白砂糖，枫糖浆也可以用蜂蜜或金黄糖浆（一种颜色金黄、带轻微焦糖味道的蔗糖糖浆）来代替，除了可以增加巧克力酱蛋糕的香气，也能增加些许的甜度。

2. 天气热的时候，涂在蛋糕上的巧克力酱会很快融化，因此做好的蛋糕要尽快放入冰箱冷藏。但是冷藏太久的巧克力酱蛋糕会变硬，所以在想要食用前先切一块出来，等待巧克力酱蛋糕稍微回温再享用会更美味。巧克力酱蛋糕在冰箱冷藏室可以存放 10~12 天。

松软的杏仁蜂蜜蛋糕，闻起来有一丝淡淡的蜂蜜香，好适合搭配一杯春茶，一起享用。

这道甜点是法国普通家庭经常做的家常小蛋糕，很容易制作，制作的秘诀就是将糖浆煮热后，再加入面粉、鸡蛋和泡打粉，这样就能烤出好吃的小蛋糕。

杏仁蜂蜜蛋糕

我制作的很多蛋糕都是用赤砂糖来制作的，这样就不会那么甜，而且又可以增加一些蔗糖香气。如果你想要再减少糖分，那么就省略掉在烤完后淋上热蜂蜜这个步骤，即使省略淋上热蜂蜜这一步，也不会减少蛋糕的美味。除了在蛋糕上淋上热蜂蜜，也可以在蛋糕上放上一勺自己现制作的法式香缇，马上就会变成另一种法式的杯子小蛋糕哦！

食材（约 4 人份）

黄油 75 克、赤砂糖 60 克、蜂蜜 88 克、柠檬 1 个，鸡蛋（打散成蛋液）1 个、面粉 100 克、泡打粉 5 克、杏仁片 5 克

制作 —————————————————————————

step 1

烤箱以 180℃预热 10 分钟。

step 2

将黄油、赤砂糖和蜂蜜放入锅里，切开柠檬，将柠檬汁挤入锅里。用小火将糖浆煮至浓稠，但千万不要煮沸！

step 3

糖浆离火后，快速加入蛋液，搅拌均匀，接着加入过筛的面粉和泡打粉，再次搅拌均匀，这时候混合物会变成有点湿湿的面糊状。

step 4

将面糊倒入烤模里约七分满，在面糊上撒上杏仁片。

step 5

放入烤箱烤 30 分钟，烤好后从烤箱中取出。用隔水加热的方式将蜂蜜加热，淋在烤好的蛋糕上即可享用。

圣诞节过后，我会将后院核桃树下掉落的核桃捡起来，并放入袋中保存。今年春天，正好可以用圣诞节时保存的核桃做咖啡核桃蛋糕卷，这是一种属于春天的蛋糕……镇上许多户人家的庭院都种着一两棵核桃树，每年的圣诞节过后，成熟后的核桃落在潮湿的草地上，如果将落下的核桃好好保存的话，可以吃上一两年。

咖啡核桃蛋糕卷

食材（约6人份）

鸡蛋3个、赤砂糖115克、浓缩咖啡1汤匙、面粉（已过筛）75克、核桃仁碎30克、浓缩鲜奶油175克、糖粉40克、浓缩咖啡2汤匙

制作

step 1

煮一锅热水，离火后趁水仍滚烫时倒入盆中，在盆里放入鸡蛋和赤砂糖，使用电动打蛋器将蛋糖液打发至慕斯状。

step 2

在盆里加入 1 汤匙浓缩咖啡、面粉和核桃仁碎，搅拌均匀。

step 3

在烤盘上放上一张烘焙纸，涂上少许橄榄油或黄油（未在食材中列出）。

step 4

烤箱以 180℃ 预热 10 分钟。将搅拌好的面糊倒入烤盘，烤 12~15 分钟。

step 5

在另一个盆里放入浓缩鲜奶油、2 汤匙浓缩咖啡和糖粉，用手动打蛋器搅打至浓稠的霜状，放入冰箱冷藏，备用。

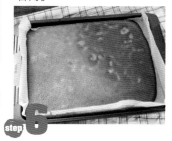

step 6

蛋糕烤好后从烤箱中取出，切掉蛋糕四边，换一张烘焙纸，趁蛋糕还热，将蛋糕卷起来。

step 7

待蛋糕冷却后，将蛋糕卷展开，涂上刚才搅打好的霜状奶油，再将蛋糕卷起来，撒上糖粉即可享用。

Helpful Tips
亮亮的小建议

1. 使用浓缩咖啡的话，蛋糕的咖啡味道不会那么浓郁。若想要咖啡的香气浓郁一些，可以考虑使用咖啡酒或咖啡精。

2. 核桃仁放入面糊前一定要敲碎，不能像我以前一样贪心放太多大颗的核桃仁，导致卷蛋糕的时候，有核桃仁的位置不好卷，会裂开。而且，核桃仁敲碎后再卷会比较漂亮。

3. 一定要等蛋糕体冷却后再涂上霜状奶油，否则蛋糕体太热会让霜状奶油化成液体。

4. 也可以在第 1 步打发鸡蛋和赤砂糖时多加 1 个蛋白一起打发，这样蛋糕体会更绵密。

Part 6 法国咖啡小点心

果仁夹心糖（牛轧糖）

法文里的"Nougat"（牛轧），早在16世纪就已出现。在中世纪时期，"Nougat"有太阳之意，这个词也是法国南部的蒙特利马地区的方言用字。在蒙特利马地区，牛轧是一种由糖渍果仁和蜂蜜制成的蛋糕，后来牛轧也成为这里的特产。

在16世纪时，一位甜点师傅将杏仁和核桃仁混合在一起作为甜点的内馅；到了18世纪，又在这种内馅中加入了蜂蜜和糖；到了20世纪，开始在糖浆里加入葡萄糖。

牛轧的制作最早出现在16世纪法国南部的马赛，当时许多地区都认为牛轧是自己地区的特产，最终，大家承认了这个甜点是蒙特利马这个城市的特色甜点。17世纪时，一位希腊人从亚洲带回一棵杏树，自此杏树就在法国南部开始蓬勃生长了，这位希腊人曾制作了13种甜点，其中就有牛轧蛋糕。经过这位希腊人的再度改良，牛扎蛋糕最后变成由蛋白、蜂蜜和糖混合而成的甜点。这道甜点在当地一年只制作两次，一次是复活节，另一次当然就是圣诞节了！

> 窗外是一片洁白的雪地，跟桌上的果仁夹心糖一样雪白。圣诞节的傍晚，雪地上洒着微弱的阳光，玻璃窗上有些许点点的白雪，与室外冷空气相反，屋内正烧着壁炉，空气中弥漫着壁炉里正烧着的木材散发的香气，这种香气好似果仁夹心糖里的杏仁一般的芳香。

食材（700~800克糖果）

　　细砂糖 250 克、薰衣草蜂蜜 300 克、水 80 克、蛋白 3 个、杏仁 100 克、开心果仁 50 克、松子仁 50 克

制作 ------------------------------------

step 1

　　将细砂糖和水放入锅里，先放到火上煮沸，然后用小火慢慢煮，煮糖的过程中千万不要搅拌。

step 3

　　当分别盛有细砂糖和蜂蜜的两个锅在火上煮时，另外准备一个盆打发蛋白，打至用电动打蛋器的搅拌棒挖起蛋白霜时，蛋白霜不会掉下来就可以了。

a

b

step 2

　　在另一个锅里放入薰衣草蜂蜜，用小火煮沸。

step 4

　　将煮沸的蜂蜜倒入煮沸的糖浆里，用木匙搅拌。

step 5

　　将混合好的蜂蜜糖浆慢慢地倒入打发好的蛋白霜里，一边倒一边用电动打蛋器持续打发，不要停。打到蛋白霜呈现光泽且油亮的状态。

step 6

将盛有蛋白霜的盆放到另一个锅里，锅里加水，使用隔水加热的方式，让蛋白霜更加紧实。一边加热，一边使用木匙搅拌蛋白霜，直到在搅拌蛋白霜时发现越来越有重量感，这就表示已经可以了。

step 7

将杏仁、开心果仁和松子仁放在不粘锅里煎熟。

step 9

在烤盘上放上一张烘焙纸或防油纸，倒入刚刚搅拌好的果仁蛋白霜，抹平整。放入冰箱冷藏至少 24 小时，让果仁蛋白霜变硬。

step 8

将煎熟的果仁倒入蛋白霜里，搅拌均匀。

step 10

待果仁蛋白霜变硬后，用大一点的刀子切成小块就可以享用了。

Helpful Tips

亮亮的小建议

1. 煮糖浆的时候要非常小心，因为糖浆的温度非常高，被糖浆烫到是会非常非常痛的。因此，煮糖浆时尽量不要用任何东西搅拌，只要拿起锅轻轻摇晃，让糖浆均匀受热就好了。

2. 薰衣草蜂蜜可以换成玫瑰蜂蜜，因为果仁夹心糖是法国南部的特色甜点，所以我们大多会用法国南部特产的薰衣草蜂蜜来制作。当然，一般的蜂蜜也是可以拿来使用的。果仁的部分，可以使用水果干或糖渍水果来制作。如果你喜欢果仁夹心糖里有香料的香气，也可以将香料加进去，做成有自己特色的果仁夹心糖。

3. 在第 9 步中将果仁蛋白霜倒入烤盘抹平时，速度要快，因为果仁蛋白霜遇冷空气后会变硬，导致抹不动。

杏仁
小脆饼

这是法国洛林地区的特色小点心，口感十分接近巴基斯坦的一种十字饼干，杏仁小脆饼在意大利非常有名。这种饼干传到法国之后，便很快被喜爱甜点的法国人接受了。从此，杏仁小脆饼便成了许多法国的小城镇里非常特别的甜点之一，尤其在法国的北部和阿尔萨斯地区，在这些地区，人们会将这种饼干作为一年一度的圣诞节餐后佐咖啡的小甜点来享用。

烤好的饼干，妹妹会细心地放进她收藏已久的复古饼干盒里，想要细细、慢慢地品尝一段时间。

食材（约 15 片）

蛋白 3 个、海盐少许、杏仁粉 125 克、糖 125 克

制作

 step 1

烤箱以 180℃ 预热 10 分钟。

step 2

在盆里放入蛋白和海盐，使用电动打蛋器将蛋白打发成蛋白霜。

step 3

在蛋白霜中加入杏仁粉和糖，搅拌至呈黏稠状。

step 4

在烤盘上放上一张烘焙纸，抹上少许黄油。用汤匙将蛋白杏仁糖糊一均匀地放到烘焙纸上，也可以使用挤花嘴在烘焙纸上挤出一个个圆形。

 step 5

放入烤箱烤 20~25 分钟即可。

费南雪

最早是在 17 世纪由洛林地区一个教会里的修女南希制作，是用杏仁粉、面粉、糖和蛋白混合成面团后制作出的椭圆形小点心。这个小点心一开始的名字是"圣会修女"。在中世纪时期，大家会取用蛋黄当作教堂里作画的涂料，剩下的蛋白就被拿来做成这道美味的小甜点了。

在法国，午后躺在凉爽的树荫下阅读着法国文学小说《巴黎圣母院》，突然想起费南雪的由来……

食材（约12个）

蛋白 75 克、糖霜 87 克、融化的无盐黄油 75 克、面粉 50 克、杏仁粉 40 克、绿茶粉 5 克、芝麻或杏仁片 5 克

制作

step 1

烤箱以 180℃ 预热。将蛋白、糖霜、过筛的面粉、杏仁粉和绿茶粉混合，使用刮刀搅拌均匀。

step 2

在锅里将无盐黄油加热至呈榛果色，离火，待温度降至微微烫手时，再加入刚才混合好的面糊里。

step 3

在烤模里涂上少许黄油，倒入面糊，在面糊上撒上芝麻或杏仁片。

step 4

放入烤箱烤 15~20 分钟，从烤箱中取出，冷却后脱模即可。

Helpful Tips
亮亮的小建议

1. 可以在面糊上撒上些许海盐帮助提味。
2. 依照自己的喜好撒上芝麻或杏仁片。

糖渍甜橙条、甜橙巧克力条

> 每季盛产的水果吃不完的时候，我们最爱将水果制成果酱或水果软糖，当然，还有糖渍水果……天然、健康的水果零食，是家人喝咖啡或喝茶时最爱的小点心。

在古代欧洲，罗马人发明用蜂蜜腌渍来保存水果的方式。到 10 世纪，开始有水果软糖、果酱和糖渍水果的出现。当时，用糖渍的方式来保存盛产时产量过剩的水果。之后，在法国的中世纪末期，这种以糖渍来保存水果的方式就开始盛行了。

主食材

　　甜橙皮（约 2 个甜橙的皮）100 克、细砂糖适量、水适量、海盐少许

巧克力酱

　　巧克力 50 克

step 3

取出甜橙皮，用刀子将黄色皮上的白膜刮掉。

step 1

将甜橙去皮，可以将白色薄膜部分一起切下。

step 5

在锅里加入与甜橙皮同等质量的水和细砂糖，煮至糖水快干时关火，但是不能煮至糖水变成焦糖色。(小提示：煮糖浆的糖和水的比例以甜橙皮的质量为参考基准，比例为 1 : 1 : 1，例如，甜橙皮 100 克，水 100 克，糖 100 克，若是甜橙皮分量增加，糖和水的分量也要跟着增加。)

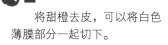

step 2

将切下的甜橙皮和少许海盐一起放入锅里，加入水(只要刚刚没过甜橙皮即可)，煮15 分钟。

step 4

将甜橙皮放入水里再煮10 分钟，之后倒掉水，重新加入水后再煮 5 分钟。取出甜橙皮，将甜橙皮切成长条状。

step 6

将刚刚在糖浆里煮的甜橙皮捞出来，在室温下放置一晚，以沥干糖浆。

将细砂糖倒入盘中，用沥干糖浆的甜橙皮蘸取细砂糖，之后在室温下放置约 1 小时，就可以收到罐子里保存了。

甜橙巧克力条

用隔水加热的方式将巧克力融化。

取已经沥干糖浆的甜橙皮蘸取融化了的巧克力浆，待巧克力浆凝固后就可以收到罐子里慢慢品尝了。

Helpful Tips

亮亮的小建议

1. 建议做这个甜点最好使用自然栽种的或有机种植的甜橙。

2. 剩下来的甜橙果肉可以拿来制作蛋糕，本书里有两种甜橙甜点（甜橙巧克力慕斯和甜橙蛋糕）的做法可以参考，这样就不会浪费食材。

3. 一次可以制作多份，或制作两种不同的口味。煮甜橙皮的糖浆也不要丢弃，可以在红茶里加入甜橙糖浆一起饮用，或将甜橙糖浆加到咖啡里，也很有风味。

开心果
巧克力咸饼

食材（约 30 块小饼干）

面粉 150 克、可可粉 2 汤匙、赤砂糖 75 克、黄油 100 克、鸡蛋 2 个、开心果仁 30 克、海盐少许

制作

step 1

在盆中加入黄油、赤砂糖和海盐，并用电动打蛋器搅拌均匀。加入过筛后的面粉和可可粉，搅拌均匀。加入 2 个鸡蛋的蛋黄，这时候尽量用手将面团揉均匀。

step 2

将巧克力面团揉匀后，继续揉成表面光滑的球状。用保鲜膜将面团包起来，放入冰箱冷藏约 1 小时或在室温下放置 1 小时。

step 3

烤箱以 200 ℃ 预热 10 分钟。

step 4

从冰箱中取出巧克力面团，在工作台上撒少许面粉，将面团擀成厚约 5 毫米的薄饼，用饼干模压出饼干形状。在烤盘上放上一张烘焙纸，放上压好的饼干，再在饼干上放上一颗开心果仁。

step 5

放入烤箱烤12~15分钟，从烤箱中取出，冷却后即可享用。

Helpful Tips
亮亮的小建议

1. 这种饼干跟松露巧克力一样，可以做成海盐口味，也可以做成辣椒粉口味。海盐、辣椒粉等的加入对巧克力有提味和使味道更加丰富的效果。

2. 做好的饼干可以堆叠起来，再用漂亮的缎带或绳子绑起来，这样放入袋子里送人也很大方。

在法国东南部的一个小镇上，有一位专门制作糖果的商人——路易斯·杜福尔，他是最早发明巧克力泥浆这道甜点的人。1985年的一天，他在自己的甜点厨房里，第一次用既简单又快捷的方法制作出了巧克力泥浆这道令人陶醉的甜点。之后，这道甜点的制作便成为这一年中最令他感到开心和美好的一件事。当时，他的伟大而又简单的做法是这样的，在可可粉和鲜奶油中加入一点香草，再将它们混合在一起，然后将变成泥浆的巧克力塑成圆球状，并在圆球外裹上一层薄薄的可可粉。甜点做成后，他将甜点摆在盘中呈现在大家面前，大家都觉得这道甜点看起来真的很不错。路易斯·杜福尔发现大家对这道甜点的接受度很高，自此，这道甜点的发明不仅成为他最骄傲的一件事，同时也是在法国甜点历史上很成功的一件甜点发明事件。由于这道甜点的外形与松露非常相似，口感也和松露一样美味，因此，后来的法国美食家将这道美味的甜点改名为松露巧克力。

松露
巧克力

相较于市面上的许多松露巧克力的做法而言，我的制作方法稍有点复杂，但却是传统做法，我就是以这种传统的做法来近距离地揭开松露巧克力的神秘面纱的。今晚，全家围坐在餐桌前，慎重地在杯子里盛上上好的法国白兰地或香槟，就是为了与松露巧克力搭配享用，因为这道甜点通常只会在盛大的场合或节日中出现，如圣诞节。

主食材（约 25 颗）

黑巧克力 250 克、牛奶 2 汤匙、黄油 75 克、浓缩鲜奶油 1 汤匙、白兰地 1 汤匙、香草精 1 茶匙

粘贴食材

黑巧克力 150 克、可可粉 50 克

制作

step 1

将 250 克黑巧克力压成碎片，与牛奶一起放入锅里，用隔水加热的方式融化黑巧克力。

step 2

待黑巧克力融化后，向锅中慢慢加入小块黄油，并搅拌均匀。之后加入浓缩鲜奶油、香草精和白兰地，混合均匀后，倒入一个小盘子或碗中，放入冰箱冷藏，使巧克力浆凝固。

step 3

待巧克力浆凝固后，用汤匙将变硬的巧克力浆挖起来用手整成球形，再放入盘子里，放入冰箱冷藏，备用。

step 4

将 150 克黑巧克力用隔水加热的方式融化，从冰箱里拿出刚才整形好的巧克力球，一颗颗地放入融化的巧克力浆里，用勺子做辅助，将巧克力浆裹在巧克力球上，再放到有可可粉的盘子里，蘸取可可粉后，放入另一个盘子里。

step 5

待所有的巧克力球蘸完可可粉即可，可以将松露巧克力先放入罐子里再放入冰箱冷藏，这样可以随时享用。

椰子刚果球

椰子刚果球主要是用椰子丝、糖和蛋白混合制成的，可以做成球形或三角形，也可以用挤花嘴挤出有花样的形状，再经低温烤制就可以享用了。法国家庭里的主妇们喜欢一次烤很多椰子刚果球，装进饼干盒或密封罐里保存，等下午茶时再取出，泡杯热热的茶，一边喝茶一边享用甜点。现在的法国甜点店甚至大型卖场都有一包包的椰子刚果球在出售，但还是没有自己做的好吃！

风和日丽、微风徐徐的下午，和朋友一起轻松地制作甜而不腻的椰子刚果球，朋友笑着说，这个不油腻的甜点很适合正在减肥的她。在家中庭院里享受女生们的瘦身下午茶……

食材（约 12 颗）

蛋白 1 个、椰子丝（或椰子粉）
63 克、细砂糖 50 克、香草糖 5 克、
海盐少许

 制作

step **1**

烤箱以 160℃ 预热 10 分钟。

step **2**

在盆里放入细砂糖、椰子丝和香草糖，搅拌均匀。

step **3**

另一个盆里放入蛋白和少许海盐，使用电动打蛋器将蛋白打成硬性蛋白。（小提示：硬性蛋白就是蛋白会变成像雪一样坚固的状态，用搅拌棒挖起来，蛋白不会掉下来。）

step **4**

在硬性蛋白中加入搅拌好的细砂糖和椰子丝，用刮刀搅拌均匀，一定要搅拌到既不呈液态也不会过干的状态。在烤盘里放上一张烘焙纸，将椰子蛋白糊用汤匙挖起来在手中塑成你想要的形状，然后放到烘焙纸上。（小提示：椰子蛋白糊呈液态或过干都不易塑造形状）

亮亮的小建议

一次可以多烤一些椰子刚果球，一部分可先放入密封的小罐子里，再放入冰箱冷藏保存，等到下次姐妹们的下午茶聚会时，可以拿出来享用。

step **5**

放入烤箱中，从 160℃ 烤 12 分钟，从烤箱中取出后冷却即可。

玛德莲娜是来自法国王室的一种甜点。故事起源于1755年，法国国王路易十五的岳父在科梅尔西镇的城堡里举办一场大型宴会，在宴会用餐期间，一名仆人小心地走近公爵，悄悄地告诉他，城堡里的甜点师傅在用餐时间离开了城堡，并且将宴会上即将要享用的甜点一并带走了。为了让宴会能够顺利进行，一位名叫玛德莲娜·波利耶的仆人提出建议，她可以制作她奶奶的拿手甜点来作为晚宴最后的餐后甜点。公爵为了不使这个突如其来的事件影响到宴会的进行，便采纳了这项建议。没想到，当大家在宴会上享用到此甜点后大感惊讶，纷纷询问这道美味甜点的名字，公爵便顺水推舟地将这道小点心称为"玛德莲娜"。此后，玛德莲娜小点心便成为科梅尔西镇上的著名点心。

趁着下午的阳光充足，在厨房里一边听着法国爵士乐，一边制作松软的法国小点心，可以依照自己的心情和喜好在松软迷人的玛德莲娜里添加想要的口味或香气。松软绵密的玛德莲娜搭配热茶一起享用，诱人的香气让人不经意间一口接着一口地吃光，连我家的狗狗拉奇也等着吃。

玛德莲娜

食材（约 24 颗）

面粉 150 克、黄油 126 克、糖 150 克、鸡蛋 2 个、牛奶 2 汤匙、泡打粉半茶匙、香草精半茶匙

制作

step 1

将鸡蛋和糖放入盆里打匀,打至颜色略呈淡白色。(小提示:鸡蛋和糖打匀后,糖会融化在蛋液里,颜色就会比先前的蛋液的颜色再淡一些。)

step 3

烤箱以200℃预热5分钟。烤模涂上少许黄油并撒上少许面粉。(小提示:在烤模上涂黄油、撒面粉会比较容易脱模。)

step 5

放入烤箱先以200℃烤3~4分钟,再以180℃烤6~8分钟。

step 2

加入面粉、牛奶、泡打粉和香草精后搅拌均匀,加入黄油再搅拌成霜状面糊,放入冰箱冷藏约30分钟。(小提示:面粉和泡打粉最好过筛后一起加入,这样搅拌时才可以避免结块)

step 4

取出冰箱里的面糊,填入烤模中至七八分满。

Helpful Tips
亮亮的小建议

1. 如果玛德莲娜在烤箱里上色太快,可以直接降低温度烤至上色,不需要等烤完3~4分钟后再降低温度!

2. 如果想增加玛德莲娜的香气,可以在面糊里加点甜橙丝或柠檬丝,搅拌后再放入冰箱,这样的玛德莲娜有天然的水果香气。为了饮食的安全和健康,请务必使用有机的柑橘类水果。

列日
华夫饼

列日华夫饼既可以是饼块状的，也可以薄薄的像格子脆饼一样。在新年期间，法国北部的人们会将列日华夫饼称呼为"上帝的地方"或"上帝的恩赐"。这是因为过年的时候，法国北部的人们会准备很多列日华夫饼送给穷人或困难家庭，作为他们的新年礼物，含有希望新的一年能为这些穷人们带来更多好运的美好祝愿。这些列日华夫饼后来就变成了热爱甜食的法国北部家庭在有客人来访时，搭配咖啡或酒一起享用的小点心。

阿嬷和阿嬷的妈妈有自己不同的列日华夫饼做法，这两种列日华夫饼我都享用过。这里提供的列日华夫饼的食谱是隔壁阿嬷的私房做法，跟我家阿嬷的食谱比较起来，做法要更简单一些，口感上多了朗姆酒香与肉桂香。

香香的列日华夫饼，再搭配一杯温温热热的红酒，应该算是法国乡村里人们诠释惬意人生的另一种表现方式了。

隔壁阿嬷说最喜欢冬天的时候吃列日华夫饼，手里拿着杯温温的红酒，看着窗外美丽的冬景，手上温热红酒的香气和饼干的肉桂香气互相呼应着，让身心都温暖了起来。

食材（约 12 块）

面粉 250 克、赤砂糖 125 克、黄油 125 克、鸡蛋 1 个、朗姆酒 50 克、肉桂粉少许、香草糖 1 包

制作

step 1

将黄油用小火融化。

step 3

将所有的食材混合，搅拌成均匀的面糊，再揉成球形面团，放入冰箱冷藏 1~2 小时。

step 2

将面粉倒入碗里，在面粉中间挖出一个洞，放入赤砂糖、鸡蛋、融化好的黄油、肉桂粉、朗姆酒和香草糖。

step 4

从冰箱中取出面团，揉成一个个小球形面团，放到松饼机上压烤约 5 分钟，直到所有的面团压烤完毕即可。

锦书坊美食汇

《手感烘焙365：从经典到日常，来自专业教室的烘焙配方》
365道烘焙配方，让爱烘焙的你每天都能享受不一样的美味！

《食趣：欧文的无国界创意厨房》
当无限的创意遇到无限可能的美食……融合东西方厨艺，世界美食尽在一间厨房。

《凯蒂的周末美食》
詹姆斯·比尔德最佳摄影奖获得者凯蒂，为你打造轻松的周末盛宴。

《凯蒂的食谱及其饮食生活的点点滴滴》
詹姆斯·比尔德最佳摄影奖获得者凯蒂，倾力打造视觉和味觉的盛宴。

《米娅·西餐在左 中餐在右》
传统的中国风味与撩拨心弦的异国风味的混搭交融，让味觉的感触如行云流水般自在穿梭……

《亲切的手作美食》
一段温暖、快乐的厨房手作时光，
用双手为爱的人制作健康、放心
的食物。

《烹享慢生活: 我的珐琅锅菜谱》
国内首本中式珐琅铁铸锅菜谱，
让简单食材华丽大变身。

《hello，酸奶》
76 道酸奶美食，简单、美味、低
热量，花样、有趣、创意足。

因为懂得，所以相伴

锦书坊

浙科社锦书坊微博

浙科社锦书坊微信号

图书在版编目（CIP）数据

法国甜点家中出炉 / 陈芋亮编著. — 杭州：浙江科
学技术出版社，2018.9

ISBN 978-7-5341-7986-0

Ⅰ.①法… Ⅱ.①陈… Ⅲ.①甜食—制作 Ⅳ.①
TS972.134

中国版本图书馆CIP数据核字（2017）第312116号

著作权合同登记号 图字：11-2015-158号
本书中文简体版由香港万里机构出版有限公司授
权浙江科学技术出版社在中国内地出版发行及销售

书 名 **法国甜点家中出炉**
编 著 陈芋亮

出版发行 **浙江科学技术出版社**
　　　　　地址：杭州市体育场路347号 邮政编码：310006
　　　　　办公室电话：0571-85176593
　　　　　销售部电话：0571-85176040
　　　　　网址：www.zkpress.com
　　　　　E-mail：zkpress@zkpress.com
排 版 杭州兴邦电子印务有限公司
印 刷 浙江海虹彩色印务有限公司

开 本 710×1000 1/16 印 张 9.75
字 数 250 000
版 次 2018年9月第1版 印 次 2018年9月第1次印刷
书 号 ISBN 978-7-5341-7986-0 定 价 39.80元

责任编辑 陈淑阳 　　　　**责任校对** 赵 艳
责任美编 金 晖 　　　　**责任印务** 田 文